普通高等学校教材

# 新编有机化学实验

主　编　程　荡

副主编　陈芬儿

东北大学出版社

·沈　阳·

**图书在版编目（CIP）数据**

新编有机化学实验 / 程荡主编. — 沈阳 : 东北大学出版社，2023.11
ISBN 978-7-5517-3442-4

Ⅰ. ①新… Ⅱ. ①程… Ⅲ. ①有机化学—化学实验—高等学校—教材 Ⅳ. ①O62-33

中国国家版本馆 CIP 数据核字（2023）第 243927 号

---

出 版 者：东北大学出版社
　　地址：沈阳市和平区文化路三号巷 11 号
　　邮编：110819
　　电话：024-83680176（编辑部） 83687331（营销部）
　　传真：024-83687332（总编室） 83680180（营销部）
　　网址：http://www.neupress.com
　　E-mail: neuph@neupress.com
印 刷 者：沈阳市第二市政建设工程公司印刷厂
发 行 者：东北大学出版社
幅面尺寸：185 mm×260 mm
印　　张：12
字　　数：270 千字
出版时间：2023 年 11 月第 1 版
印刷时间：2023 年 11 月第 1 次印刷
策划编辑：刘桉彤
责任编辑：白松艳
责任校对：石玉玲
封面设计：潘正一

---

ISBN 978-7-5517-3442-4　　　　定 价：48.00 元

# 前　言

在有机化学实验中，学生需要运用理论知识和实践技能，通过对实验操作和实验结果的观察与分析，加深对有机化学的理解和掌握。为了帮助学生顺利进行有机化学实验，并提高实验效果和安全性，我们编写了《新编有机化学实验》。

本书的编写旨在满足有机化学实验教学的需要，内容涵盖了学生在有机化学实验中所需掌握的基本理论知识、实验操作技术和实验室安全知识。本书介绍了有机化学实验基本操作技术，如加热与冷却、干燥与气体吸收、萃取与液液分离、蒸馏与精馏等。同时，介绍了微反应连续流有机合成操作技术的实验，以及有机化合物物理常数测定与结构分析鉴定。

本书的实验内容分为传统间歇釜式合成实验和微反应连续流合成实验两部分。其中，传统间歇釜式合成实验着重培养学生的实验操作技能和实验设计能力，通过一系列有机化合物的合成实验，让学生熟悉有机化学反应的基本原理和实验操作步骤。而微反应连续流合成实验则介绍了近年来较为前沿的微反应技术，让学生在实验中体验微反应器的操作和应用，加深对连续流合成技术的理解和掌握。

此外，本书还介绍了天然产物的提取与分离实验，让学生了解天然产物的提取方法和分离技术，培养学生对天然产物的兴趣和研究能力。

本书由复旦大学程荡担任主编、复旦大学陈芬儿担任副主编。具体分工为程荡编写了第一章至第四章的内容（共计16.4万字）；陈芬儿编写了第五章至附录的内容（共计10.6万字）。本书由程荡统稿完成。

编写本书的目的是帮助学生系统地学习和掌握有机化学实验的基本原理、操作技术和实验室安全知识，提高实验效果和安全性，培养学生的实验操作能力和科学研究素养。希望本书能够成为学生学习有机化学实验的有效工具，为他们打下坚实的实验基础，促进他们在有机化学领域的深入探索和创新研究。

**程　荡　陈芬儿**

2023年7月

# 目 录

# 第一章 绪 论

《新编有机化学实验》是一本旨在为有机化学实验教学提供全面支持的重要教材。有机化学作为化学学科的重要分支，是研究碳及其化合物的结构、性质和反应等的科学。实验教学在有机化学学习中起着至关重要的作用，通过实践操作，学生能够巩固理论知识，培养实验技能和科学思维，同时加深对有机化学原理的理解。

《新编有机化学实验》的编写旨在满足现代有机化学教学的需求，紧密结合最新的研究进展和实验技术，提供一系列经典和创新的实验案例。本书从基础实验到高级实验，涵盖了有机化学的核心内容，包括化合物合成、分离纯化、结构鉴定和反应机理等方面。

本书的第一个特点是注重实践操作的详细描述。每个实验案例都提供了清晰的实验步骤、所需试剂和设备、操作技巧，以及实验结果的分析和讨论，使学生能够准确地进行实验并理解实验的目的和结果。第二个特点是关注实验的安全性和环保性。在编写过程中，编者充分考虑到学生的安全和环境保护意识，对实验操作中的安全注意事项和废物处置进行了详细的说明，以确保实验过程的安全可控性和实验室的可持续发展。

《新编有机化学实验》适用于化学及相关专业的大学本科生和研究生，也可作为科研人员和教师的参考资料。通过对本书中的实验案例的学习和实践，读者能够深入了解有机化学实验的基本原理和技术要点，培养实验操作和科学研究的能力，为未来的学习和科研工作打下坚实的基础。

总之，《新编有机化学实验》以全面且系统的内容、详细且准确的实验描述和注重安全环保的特点，为有机化学实验教学提供有力的支持，帮助学生掌握有机化学实验的核心知识和技能，促进有机化学领域的教学与研究的发展。

## 第一节 学生实验守则与有机化学实验要求

学生实验守则与有机化学实验要求是为了确保实验过程的安全性、有效性和顺利进行而制定的指导原则。在进行有机化学实验时，遵守以下实验守则和要求对于学生来说至关重要。这些守则和要求旨在保护实验人员的安全，维护实验室设备的完好，并提高实验结果的准确性和可重复性。请仔细阅读以下内容，并始终将它们作为实验操作的基本准则。进行合理的实验操作并遵循这些要求，学生将能够获得理想的实验结果，并培养良好的实验习惯和科学素养。

## 一、学生实验守则

学生实验守则是为了确保实验的安全性、准确性和可靠性而制定的一系列规定和准则。遵守这些守则对于学生的个人安全、实验结果的可靠性以及实验室的整体运作非常重要。以下是一些常见的学生实验守则的详细说明。

### （一）实验前准备

学生在进行实验之前，应仔细阅读实验手册，并了解实验的目的、步骤和安全注意事项。确保对实验过程有清晰的理解，并准备好所需的实验器材和试剂。

**1. 仔细阅读实验手册**

学生在进行实验之前，应仔细阅读实验手册。实验手册通常包含实验的详细说明和操作步骤，以及实验的目的和预期结果。通过仔细阅读实验手册，学生可以了解实验的背景、原理和相关的理论知识，为实验做好充分的准备。

**2. 理解实验的目的和步骤**

学生应确保对实验的目的和步骤有清晰的理解。实验的目的是指实验所追求的目标和所要达到的结果。学生需要理解实验的目的是什么，以及实验的具体步骤和操作顺序。理解实验的目的和步骤有助于学生明确实验的意义和预期结果，并能够准确地进行实验操作。

**3. 熟悉安全注意事项**

在阅读实验手册时，学生还应熟悉实验的安全注意事项。实验手册通常会提供实验中需要注意的安全问题，如化学品的危险性、实验操作中的潜在风险和应采取的安全措施等。学生应仔细阅读并理解这些安全注意事项，以确保实验过程的安全性。

**4. 准备实验器材和试剂**

在理解实验目的、步骤和安全注意事项后，学生需要准备所需的实验器材和试剂。根据实验手册的要求，学生应确认所需的实验器材是否齐全，并检查实验器材的状态是否正常。此外，学生还应确认所需的试剂是否足够，并按照实验手册的要求进行试剂的配制和储存。

通过仔细阅读实验手册，并了解实验的目的、步骤和安全注意事项，学生可以对实验过程有清晰的理解，并做好充分的准备。这有助于学生在实验中顺利进行操作，从而达到实验的目的和预期结果。此外，学生还应与实验指导教师和实验室成员密切合作，在实验过程中及时咨询和沟通，以确保实验的顺利进行。

### （二）穿着适当的实验服装

学生应穿着适当的实验服装，如实验室外套、长裤和封闭式鞋子。避免穿着短袖、裙子、短裤等不符合实验室安全要求的服装。应绑起长发，以避免妨碍实验操作。

**1. 实验室外套**

学生应穿实验室外套，实验室外套通常是长袖的、防护性能较好的实验服装。实验室外套能够有效地减少皮肤与实验物质的直接接触，降低学生受到化学物质伤害的风险。此外，实验室外套还可以防止衣物被污染或损坏。

**2. 长裤**

学生应穿长裤，以使双腿免受可能产生的溶液飞溅或其他实验意外带来的伤害。长裤能够有效减少皮肤接触有害物质的机会，提供额外的保护。

**3. 封闭式鞋子**

学生应穿封闭式鞋子，如实验室专用的鞋子或运动鞋，不应穿着凉鞋、拖鞋等不符合实验室安全要求的鞋子。封闭式鞋子能够防止脚部受到实验材料或设备的伤害，同时避免化学品的直接接触。

**4. 长发的打理**

学生应将长发束起来，避免长发妨碍实验操作。长发可能会遮挡视线，干扰实验进行，也可能被实验设备或化学物质缠绕，造成安全隐患。将长发束起来有助于确保实验的顺利进行和个人安全。

穿着适当的实验服装对于学生的个人安全和实验室的整体安全至关重要。它能有效减少皮肤接触化学品的机会，降低受伤害的风险。此外，穿着合适的实验服装也有助于使衣物免受污染和损坏。学生应牢记穿着实验服装的重要性，并与实验室成员共同遵守相关的安全规定和要求，以保证实验室安全和实验顺利进行。

### （三）使用个人防护装备

学生应戴上个人防护装备，包括实验手套、护目镜和实验室口罩。这些装备有助于实验人员免受化学物质和飞溅溶液的伤害。戴上护目镜可以防止化学物质溅入眼睛，实验口罩可以减少吸入有害气体和粉尘的风险。

**1. 实验手套**

实验手套是使手部免受化学物质直接接触的重要装备。学生在进行有机化学实验时，常常接触化学试剂和有机溶剂等物质。戴上实验手套，可以将皮肤和这些化学物质有效隔离，减少皮肤受到化学物质的伤害和刺激。学生应选择符合实验要求的手套，并确保手套与皮肤紧密贴合，避免手套的破损和渗漏。

**2. 护目镜**

在有机化学实验中，化学物质的飞溅是常见的安全风险。戴上护目镜，可以有效地使眼睛免受化学物质的伤害。护目镜应具备防护性能，能够抵御化学物质的飞溅和溶液的侵入。学生应选择符合安全标准的护目镜，并确保其正确定位、稳固贴合面部。

**3. 实验室口罩**

实验室口罩可以减少实验人员吸入有害气体和粉尘的风险。有机化学实验常常涉及挥发性有机化合物、化学反应产生的气体等。戴上实验室口罩，可以减少吸入这些有害气体和粉尘的机会，保护呼吸系统。学生应选择符合防护标准的实验室口罩，并及时更换口罩，以保持其防护效果。

戴上个人防护装备，对于实验人员的个人安全和健康至关重要。这些装备能够有效降低化学物质和飞溅溶液对皮肤和眼睛的伤害和风险，减少吸入有害气体和粉尘的机会。学生应时刻保持对个人防护装备的重视，并在实验过程中正确佩戴和使用这些装备，以确保实验的安全进行。此外，学生还应与实验室指导教师和实验室成员合作，定期检查和维护个人防护装备的状态，及时更换损坏或失效的装备，以确保其有效性和可靠性。

### （四）实验操作技巧

学生应掌握实验操作的基本技巧，包括正确使用实验设备、仪器和玻璃器皿，准确称量和混合试剂，掌握常见的实验技术，如加热、冷却、过滤和萃取等。准确的操作和技巧的运用有助于提高实验的准确性和可靠性。

#### 1. 正确使用实验设备、仪器和玻璃器皿

学生应熟悉并正确使用实验室中常见的设备、仪器和玻璃器皿，如容量瓶、量筒、滴定管、烧杯、漏斗等。学生应了解它们的功能、用途和操作方法，并根据实验的需要选择合适的器皿。正确使用实验设备和仪器可以保证实验操作的准确性和结果的可靠性。

#### 2. 准确称量和混合试剂

在有机化学实验中，准确称量和混合试剂是非常重要的。学生应掌握准确称量试剂的方法，如使用天平或称量瓶进行称量。同时，学生应注意遵循实验手册中的比例和操作要求，确保试剂混合得准确。在混合试剂时，可以采用适当的搅拌、摇动或磁力搅拌等方法，以确保试剂均匀混合。

#### 3. 掌握常见的实验技术

学生应掌握常见的实验技术，如加热、冷却、过滤和萃取等。加热操作应注意控制温度和均匀加热，以避免反应过程的失控、实验器具的破裂和反应物的失效。冷却操作可以采用水浴或冰浴等方法，控制反应温度或加速反应物的沉淀。过滤操作应注意选择合适的滤纸和滤具，以去除固体杂质或分离混合物的组分。萃取操作可以利用溶剂的不同亲和性，分离出所需的有机物或无机物。

正确使用实验设备、仪器和玻璃器皿，准确称量和混合试剂，以及掌握常见的实验技术，能够提高实验的准确性、重现性和可靠性。同时，学生还应与实验指导教师和实验室成员积极交流，不断提升实验操作的技能和水平。只有通过熟练的操作技巧和技术的合理运用，学生才能顺利完成实验并获得可靠的实验结果。

### （五）注意实验室安全和环境保护

学生应遵守实验室的安全规定和操作程序，保持实验室的安全通道畅通，禁止携带食品和饮料进入实验室，合理使用和储存化学品，并妥善处理废弃物和实验残留物。学生应关注实验室安全和环境保护，积极参与实验室的安全培训和紧急情况演练。

#### 1. 遵守实验室的安全规定和操作程序

学生应遵守实验室的安全规定和操作程序，这些规定和程序通常由实验室管理者和

指导教师制定。学生应熟悉这些规定和程序，并在实验过程中严格遵守。这些规定和程序涵盖了实验室的安全要求、实验操作的步骤和注意事项等内容。

**2. 保持实验室安全通道畅通**

学生应保持实验室的安全通道畅通。实验室安全通道是指供人员逃生和应急情况下使用的通道和出口。学生不应在实验室内堆放杂物或阻塞通道，以确保人员在紧急情况下能够迅速撤离。

**3. 禁止携带食品和饮料进入实验室**

为了避免实验室的污染和安全隐患，学生应严格遵守禁止携带食品和饮料进入实验室的规定。食品和饮料的进入可能引起交叉污染、实验品受到污染或被误食等安全问题，因此学生应在实验室外进食，并在实验室内遵守相关的安全规定。

**4. 合理使用和储存化学品**

学生应合理使用和储存化学品。在实验中，学生应按照实验要求使用符合条件的化学品，并遵循安全操作程序进行操作。同时，学生还应了解化学品的性质、危险性和正确的处理方法。在实验结束后，学生应妥善存放化学品，确保其容器密封良好，并根据实验室的规定进行储存和标识。

**5. 妥善处理废弃物和实验残留物**

学生应妥善处理实验产生的废弃物和实验残留物。废弃物包括化学品废液、固体废弃物和其他实验废弃物。学生应按照实验室的规定进行正确的废弃物分类和处理，包括废弃物的分装、封存和交付处理。同时，学生应遵循实验室的要求处理实验残留物，如清洗玻璃器皿、回收实验器材等。

**6. 参与实验室安全培训和紧急情况演练**

学生应积极参与实验室的安全培训和紧急情况演练。实验室安全培训可以帮助学生了解实验室的安全要求和操作程序，掌握紧急情况下的应急措施。紧急情况演练可以提高学生在应急情况下的反应能力和应对能力，确保实验室安全和人员安全。

通过遵守实验室的安全规定和操作程序，学生能够确保实验室的安全，对环境进行保护，降低实验操作的风险，并保护自己和他人的安全。此外，学生还应与实验室管理者、指导教师和实验室成员紧密合作，共同维护实验室的安全，并使实验顺利进行。只有通过集体努力，遵守实验室的安全规定和操作程序，学生才能够建立良好的实验室安全文化和意识，确保实验的顺利进行和实验人员的安全。

## 二、有机化学实验要求

有机化学实验要求是为了保障实验的安全和顺利进行而制定的一系列规定和准则。这些要求涵盖了实验前的准备、实验操作的技巧、实验数据的记录和分析等方面。遵守有机化学实验要求对学生的安全、实验结果的准确性和可靠性至关重要。通过遵循这些要求，学生能够培养良好的实验习惯，提高实验技能，加深对有机化学原理的理解，并为将来的科学研究和实践奠定坚实的基础。

## （一）实验目的和步骤

学生应准确理解实验的目的和步骤，了解反应原理和机理。按照实验手册的要求进行实验操作，并注意反应条件和操作细节。

**1. 理解实验的目的和步骤**

在进行有机化学实验之前，学生应仔细阅读实验手册，并准确理解实验的目的和步骤。实验手册通常会详细描述实验的目的是什么，要达到什么样的结果，以及实验的具体步骤和操作顺序。理解实验的目的有助于学生明确实验的意义和预期结果，而理解实验步骤可以帮助学生安排好实验操作的顺序和流程。

**2. 了解反应原理和机理**

在进行有机化学实验之前，学生应了解实验中所涉及的反应原理和机理。这包括理解反应的化学方程式、反应的机理和可能的产物。了解反应原理和机理有助于学生理解实验过程中发生的化学变化，以及对实验结果的解释和分析。

**3. 按照实验手册要求进行实验操作**

学生应按照实验手册的要求进行实验操作。实验手册通常会提供详细的操作步骤、试剂的用量和配制方法等。学生应严格遵守实验手册中的要求，准确称量试剂、混合反应物、加热、冷却等。按照实验手册要求进行实验操作可以确保实验的准确性和可重复性。

**4. 注意反应条件和操作细节**

学生在进行有机化学实验时，应注意反应条件和操作细节。这包括控制反应的温度、反应时间和反应物的比例等。同时，学生应注意操作细节，如正确使用实验器材、仪器和玻璃器皿，注意溶液的搅拌和混合等。关注反应条件和操作细节有助于确保实验的成功和准确性。

准确理解实验的目的和步骤，了解反应原理和机理，并按照实验手册的要求进行实验操作，以及注意反应条件和操作细节，对于有机化学实验的顺利进行和实验结果的准确性至关重要。这些要求可以帮助学生建立科学的实验思维和操作技巧，提高实验的成功率和数据的可靠性，同时加深对有机化学原理的理解和应用。

## （二）实验材料和试剂

学生应了解实验材料和使用的化学品的性质、危险性，并学习其正确的处理方法。遵循实验室制定的储存和处理化学品的准则，确保化学品容器标记清晰、密封良好。

**1. 了解实验材料和化学品的性质和危险性**

学生在进行有机化学实验之前，应了解实验材料和使用的化学品的性质和危险性。这包括化学品的化学性质、物理性质、毒性、燃爆性等。了解这些信息有助于学生识别和评估实验过程中可能出现的风险，并采取相应的安全措施。

**2. 正确处理化学品**

学生应了解化学品的正确处理方法，包括正确的配制、储存、搬运和处理方法。化学品的配制应遵循准确的比例和程序，以确保实验的准确性和安全性。化学品的储存应按照实验室规定的要求，将其储存在适当的储存柜或容器中，避免与其他化学品混淆。在搬运和处理化学品时，学生应遵循安全操作指南和规程，采取适当的防护措施，如戴上手套和护目镜。

**3. 实验室规定的储存和处理准则**

实验室通常有规定化学品储存和处理的准则，学生应遵守这些规定。例如，有机化学实验室可能要求将易燃化学品和有毒化学品分开储存，使用防火柜或特定的储存柜储存危险化学品。此外，学生应确保化学品容器标记清晰、易于识别，并确保容器密封良好，以防止泄漏和蒸发。

**4. 化学品废弃物的处理**

学生对实验过程中产生的化学品废弃物应按照实验室规定进行正确处理。废弃物应分类、分装，并放置在指定的废弃物容器中。有机溶剂、酸碱废液等化学品废弃物应由专门的机构进行处理，确保环境的安全和健康。

通过了解实验材料和使用的化学品的性质、危险性和正确的处理方法，并遵循实验室规定的储存和处理准则，学生能够保障实验的安全性、准确性和可靠性。这些要求可以帮助学生建立正确的化学品管理意识，提高实验的安全水平，并为实验室的环境保护作出贡献。同时，学生还应与实验指导教师和实验室管理人员密切合作，及时咨询和寻求帮助，以确保化学品的正确使用和处理。

### （三）实验数据记录和分析

学生应准确记录实验步骤和观察结果，测量和记录实验数据。数据分析应准确、全面，并结合有机化学理论解释实验现象，推导反应机理，并提出合理的结论。

**1. 记录实验步骤和观察结果**

学生应准确记录实验步骤和观察结果。实验步骤记录应包括实验操作的顺序、实验条件的设定和变化等。观察结果记录应包括实验过程中产生的物质的颜色、形态变化、沉淀的形成等。准确记录实验步骤和观察结果有助于保证实验的可重复性和结果的准确性。

**2. 测量和记录实验数据**

学生应进行必要的测量并记录实验数据。这包括测量反应物的质量、浓度、温度、反应时间等相关数据。测量时，应使用准确的仪器和方法，保证数据的可靠性。记录实验数据时，应注明所用单位、测量误差范围等。

**3. 数据分析**

学生应对实验数据进行准确、全面的分析。数据分析可以包括计算反应物的摩尔比、计算反应的产率、绘制相关的图表和曲线等。在数据分析中，学生应注意准确处理数据，排除异常值和误差，并根据有机化学理论进行解释和推断。

**4. 结合有机化学理论解释实验现象**

学生应结合有机化学理论解释实验观察结果和数据。通过运用有机化学知识，学生可以解释化学反应的机理、产物的形成以及化学现象。合理结合理论解释实验现象有助于对有机化学原理进行理解和应用。

**5. 推导反应机理和提出结论**

根据实验数据和有机化学理论，学生应尝试推导实验反应机理。通过分析实验结果，学生可以推断出化学反应中的关键步骤和反应机制。在推导反应机理的基础上，学生还应提出合理的结论，总结实验结果，指出实验的局限性和改进的方向。

准确记录实验步骤和观察结果，测量和记录实验数据，以及进行准确、全面的数据分析，结合有机化学理论解释实验现象，推导反应机理，并提出合理的结论，是有机化学实验中学生必须遵守的重要要求。这些要求有助于培养学生科学实验和数据分析的能力，加深对有机化学原理的理解，并提高学生的实验技能和科学素养。同时，学生还应注意与实验指导教师和实验室成员的合作和交流，共同探索和讨论实验结果的意义和可能的应用。

### （四）实验安全和风险控制

学生应遵守实验室的安全规定和操作程序，正确使用个人防护装备，并注意实验过程中的安全风险和控制措施，避免接触易受伤害的部位，防止化学物质的泄漏和飞溅。

**1. 遵守实验室的安全规定和操作程序**

学生在实验室中应遵守实验室的安全规定和操作程序，包括了解实验室紧急出口的位置、安全设备的位置和使用方法，熟悉实验室安全手册中的相关指导。学生应遵守实验室的禁止事项，如禁止吃喝、吸烟，禁止将化学品带出实验室等。

**2. 正确使用个人防护装备**

学生在实验过程中应正确佩戴个人防护装备，包括实验手套、护目镜和实验室口罩。实验手套能使皮肤不和化学品直接接触，护目镜可以防止化学物质溅入眼睛，实验室口罩可以减少吸入有害气体和粉尘的风险。学生应确保个人防护装备的适合性和良好的状态，并按照实验室规定的要求进行更换和清洁。

**3. 注意实验过程中的安全风险和控制措施**

学生在实验过程中应时刻关注实验操作的安全风险，并采取相应的控制措施。例如，避免接触易受伤害的部位，如手部和面部，避免直接吸入实验物质的气体。当需要进行高温操作或有潜在爆炸风险时，学生应采取适当的措施，如佩戴耐高温手套、使用防爆设备等。

**4. 防止化学物质的泄漏和飞溅**

学生应小心操作化学品，避免化学物质的泄漏和飞溅。在操作过程中，学生应准确控制液体的转移和混合，避免溅出。同时，学生应熟悉实验室中的紧急处理设备和应急措施，以应对突发情况，如化学品泄漏或意外事故。

遵守实验室的安全规定和操作程序，正确使用个人防护装备，并注意实验过程中的安全风险和控制措施，能够有效地保护学生的安全和健康。这些要求有助于学生培养良好的实验安全意识，掌握实验操作的安全技巧，并为建立安全的实验环境作出贡献。同时，学生还应与实验指导教师和实验室管理员密切合作，及时报告实验中的安全问题和意外事件，以确保实验室的安全和稳定运行。

### （五）实验报告撰写

学生应按照要求撰写实验报告，包括实验目的、材料与方法、实验步骤、观察结果和数据分析等内容。实验报告应准确、清晰、完整，并遵循指定的格式和要求。

**1. 实验目的**

学生在实验报告中应明确阐述实验的目的。实验目的是指实验所追求的目标和期望的结果。学生应清楚地表达实验的目标，并与实验的理论基础相对应。

**2. 材料与方法**

学生应提供实验所使用的材料和仪器设备的清单，并描述实验的方法和步骤。材料与方法部分应具体明确，包括所使用的试剂、仪器的型号和规格、实验条件的设定等。

**3. 实验步骤**

学生应按照实际进行的实验步骤，详细描述实验过程。实验步骤应包括所采取的操作和操作顺序，以确保实验的可重复性。

**4. 观察结果和数据分析**

学生应准确记录实验中的观察结果和测量数据，并进行全面的数据分析。数据分析部分应根据所测量的数据进行计算、图表绘制、数据解释和比较等，以得出结论。

**5. 结论**

学生应在实验报告中写出准确、合理的结论。结论应综合实验目的、实验步骤和数据分析，对实验结果进行总结和解释。

**6. 格式和要求**

学生应遵循指定的实验报告格式和要求。这包括报告的结构组织、标题、字体、标签、引用等方面。学生应确保实验报告的排版清晰、格式规范，并遵守学校或实验室的指导。

撰写准确、清晰、完整的实验报告，并遵循指定的格式和要求，有助于学生整理和总结实验结果，提高实验技能，培养科学思维和科学写作能力。通过实验报告的撰写，学生能够进一步加深对实验过程和结果的理解，并将实验结果与有机化学理论相结合，展示出对有机化学原理的理解和应用。同时，学生还应注意报告的语言准确性和逻辑性，以确保报告的可读性和科学性。

遵循学生实验守则和有机化学实验要求有助于确保学生在有机化学实验中的安全和实验结果的准确性。学生应充分了解和遵守这些规定和要求，并与实验指导教师和实验室管理人员密切合作，共同维护实验室的安全和实验的顺利进行。学生还应注意实验过程中的细节和注意事项，如实验温度、反应时间、试剂的添加顺序等，以确保实验结果的准确性和可重复性。

## 第二节　有机化学实验室安全知识与文献检索

有机化学实验室安全知识与文献检索是有机化学实验中不可或缺的重要内容。学生在进行实验室工作时，必须具备充分的安全意识和知识，以保护自身和他人的安全，并了解如何查找和使用相关的文献资料。本节将介绍有机化学实验室的安全知识，包括实验室安全规范、常见的安全风险和应急措施。同时，将提供关于有机化学实验的文献检索方法和技巧，帮助学生获取有机化学实验方面的研究资料。

### 一、有机化学实验室安全知识

有机化学实验室是学生进行有机化学实验的重要场所，而实验室的安全是至关重要的。为了确保实验过程中的安全性，学生需要掌握有机化学实验室的安全知识。本部分将介绍有机化学实验室的安全知识，包括实验室安全规范、个人防护装备、化学品的安全使用和储存、实验操作技巧，以及紧急情况的应急措施等。学生通过了解和遵守这些安全知识，能够保证自己和他人的安全，并顺利进行有机化学实验。

以下是有机化学实验室安全知识的详细内容。

#### （一）实验室安全规范和操作程序

学生应熟悉实验室的安全规范和操作程序，并严格遵守。这些规范和程序可能包括实验室进出门禁、实验室设备和仪器的正确使用、化学品的存放和处理等方面的要求。

**1. 实验室进出门禁**

学生应了解实验室的进出门禁规定，并遵守相关要求。通常，实验室会有特定的进出口，可能需要使用门禁卡或遵循特定的开关门程序。这样的规定有助于控制实验室的进出，确保只有授权人员能够进入实验室。

**2. 实验室设备和仪器的正确使用**

学生应熟悉并正确使用实验室中的设备和仪器。这包括了解仪器的操作原理、正确定位各种控制按钮和开关，并遵循使用手册或指导书的操作步骤。在使用复杂仪器时，学生可能需要接受相关培训并取得操作许可。

**3. 化学品的存放和处理**

学生应了解实验室中化学品的存放和处理要求。化学品通常会有特定的存储区域，需要根据其性质分类存放，并确保容器密封良好、标记清晰可读。学生应了解不同化学品的危险性，并知道如何正确处理、分装和处置废弃化学品。

**4. 实验室危险区域和警示标识**

学生应了解实验室中的危险区域和相应的警示标识。这些标识通常为有毒、易燃、腐蚀等警示符号及相应的安全提示和措施。学生需要遵循这些标识的指示，并在操作时特别注意危险区域的存在。

**5. 实验室的紧急程序和联系方式**

学生应熟悉实验室的紧急程序和相关联系方式。这包括了解实验室内的紧急出口、安全设备的位置以及紧急事故的报告和求助流程。学生应知道如何报告紧急情况，并掌握与实验室管理人员或急救人员联系的方式。

总之，学生应熟悉并严格遵守实验室的安全规范和操作程序。这些规范和程序涵盖了实验室进出门禁、设备和仪器的正确使用、化学品的存放和处理等方面的要求。通过遵守这些规范和程序，学生能够最大限度地降低实验室事故的风险，并保护自己和他人。

### （二）安全设备和紧急装置

学生应了解实验室中的安全设备和紧急装置的（如消防器材、紧急淋浴、安全洗眼器等）位置和使用方法。在紧急情况下，学生应知道如何正确使用这些装置，以保护自己和他人。

**1. 消防器材**

学生应了解实验室中消防器材的位置和使用方法。这些器材通常包括灭火器、灭火器箱和消防栓等。学生应了解不同类型灭火器的用途和操作方法，并在必要时采取正确的灭火措施。学生还应知道消防器材的位置，以便在火灾发生时迅速找到并使用。

**2. 紧急淋浴和安全洗眼器**

学生应了解实验室中紧急淋浴和安全洗眼器的位置和使用方法。在发生化学品溅溺或眼部受伤的紧急情况下，学生应立即寻找并使用紧急淋浴和安全洗眼器来冲洗受伤部位。学生应知道如何正确打开和使用这些装置，并在紧急情况下迅速行动。

**3. 急救箱和急救设施**

学生应了解实验室中急救箱和急救设施的位置和使用方法。实验室通常会配备急救箱，其中包含基本的急救用品，如绷带、消毒剂、止血剂等。学生应了解急救箱的位置，并在需要时能够快速使用其中的急救用品。此外，学生还应熟悉实验室附近的医疗设施和急救电话号码，以便在必要时寻求专业医疗救助。

**4. 安全出口和疏散路线**

学生应了解实验室中安全出口和疏散路线的位置。在紧急情况下，如火灾或其他危险事件，学生知道哪些是安全出口，才能够快速、有序地疏散并离开实验室。学生不应堵塞安全出口和疏散路线，并且应遵循指示标识和疏散指示进行疏散。

学生应定期参加实验室安全培训和紧急情况演练，以熟悉安全设备和紧急装置的使用方法，并具备应对紧急情况的能力。学生在实验室中应始终保持警觉，了解紧急装置的位置和使用方法，并能够迅速、正确地采取行动，以保障自己和他人的安全。培养实验室安全意识和应急能力是学生在有机化学实验中必不可少的一部分。

### （三）个人防护装备

在进行有机化学实验时，学生应穿戴适当的个人防护装备，包括实验手套、护目镜、实验室口罩和实验室外套等。这些装备有助于实验人员免受化学物质和飞溅溶液的伤害。

**1. 实验手套**

学生应戴上尺寸和材质合适的实验手套，以保护双手免于与化学物质直接接触。选择手套时，应考虑化学品的性质和腐蚀性，选用与化学物质不发生化学反应的材料制成的手套。戴上手套后，应检查其完整性，确保没有破损或穿孔，并确保手套紧密贴合手部，以避免化学物质的渗透。

**2. 护目镜**

学生应戴上护目镜，以使眼睛免受化学物质飞溅的伤害。护目镜应符合实验室安全标准，并能够提供足够的防护，包括对眼部侧面和前方的覆盖。护目镜应紧贴面部，没有间隙，以防止化学物质进入眼睛。

**3. 实验室口罩**

学生应佩戴实验室口罩，以防止吸入有害气体、蒸气和颗粒物。口罩应选择符合标准的防护口罩，能够有效过滤空气中的微粒和化学物质。学生应确保口罩贴合面部，除非必要，否则不要摘下或触摸口罩。

**4. 实验室外套**

学生应穿着实验室外套，以使身体免受化学物质的飞溅。实验室外套应是长袖、长裤，并且具有抗腐蚀性，能够覆盖大部分身体表面。外套应完整，没有破损，并正确穿着，以确保防护的有效。

佩戴个人防护装备对于有机化学实验的安全至关重要。这些装备可以防止化学物质对皮肤、眼睛和呼吸系统造成伤害。然而，仅仅穿戴个人防护装备并不能完全消除风险，学生还应遵守实验室规定，正确操作实验设备，储存化学品和处理废弃物，并始终保持警觉和谨慎。综上所述，穿戴适当的个人防护装备是确保学生在有机化学实验中安全的重要一环。

### （四）化学品的安全使用和储存

学生应了解使用的化学品的性质、危险性和正确的处理方法。学生应遵循实验室的规定，正确使用和储存化学品，并确保容器标记清晰、密封良好。

**1. 理解化学品的性质和危险性**

学生在进行有机化学实验前，应仔细研究并了解使用的化学品的性质和危险性。这包括化学品的物理性质、化学性质、反应特性、毒性等方面的信息。学生可以参考化学品的安全数据表（safety data sheet，SDS）或其他可靠的资料来获取这些信息。通过了解化学品的性质和危险性，学生能够正确评估潜在的风险，并采取适当的防护措施。

**2. 遵循实验室规定和操作程序**

学生应严格遵守实验室的规定和操作程序，包括化学品的使用、储存和处理方面的要求。这可能涉及化学品的数量限制、专用储存柜或储存区域的要求，以及特殊化学品的特殊处理要求等。学生应了解并遵守这些规定，确保化学品的安全使用和管理。

**3. 正确使用和储存化学品**

学生应正确使用和储存化学品，以减少意外事故的风险。这包括准确称量和配制化学品、正确混合和稀释化学品，以及遵循实验手册中的操作步骤和要求。学生应使用适当的容器和标识，确保化学品的容器密封良好、化学品的标记清晰可读，并正确存放于指定位置。

**4. 废弃物的处理**

学生应了解并遵守实验室对废弃物的处理要求。化学废弃物应按照实验室规定的程序进行正确的分类、包装和处置。学生应知道何时使用特殊的废弃物容器，如化学品废弃桶，并了解废弃物的标记和标签要求。

通过了解化学品的性质、危险性和正确的处理方法，学生能够更加安全地操作和管理化学品，降低实验室事故的风险。此外，遵循实验室的规定和操作程序，正确使用和储存化学品，以及合理处理废弃物，也有助于保障实验室环境和周围环境的安全。因此，学生应始终关注化学品的性质和安全性，以及实验室对其使用和管理的规定和要求。

### （五）实验室操作及其技巧

学生应掌握实验操作的基本技巧，正确使用实验设备、仪器和玻璃器皿。学生还应熟悉常见的实验技术，如加热、冷却、过滤、萃取等，并遵循正确的操作步骤和安全措施。

**1. 正确使用实验设备、仪器和玻璃器皿**

学生应了解并掌握实验室中常用的实验设备、仪器和玻璃器皿的使用方法。这包括如何正确使用烧杯、容量瓶、试管、漏斗、洗瓶、烧瓶、显微镜等。学生应了解这些器皿的功能、特点和限制，并知道如何准确测量容量、体积和质量等参数。此外，学生还应了解实验室中常见的仪器，如pH计、离心机、旋转蒸发仪等，并知道如何正确操作和维护它们。

**2. 熟悉常见的实验技术**

学生应熟悉常见的实验技术，如加热、冷却、过滤、萃取等。学生应了解加热设备的使用方法和安全注意事项，包括热板、酒精灯、Bunsen燃气灯等。此外，学生应了解冷却方法和设备，如冰浴、水浴等，并知道如何正确进行冷却操作。过滤和萃取是有机化学实验中常见的操作技术，学生应了解不同类型的过滤器和不同的提取方法，并知道如何进行有效的固液分离和液液分离。

**3. 遵循正确的操作步骤和安全制度**

学生应遵循实验手册或指导教师提供的实验要求和操作步骤。学生应仔细阅读实验手册，了解每个步骤的要求和顺序，并按照要求进行操作。同时，学生应遵守实验室的安全规定和操作程序，例如在进行加热操作时保持适当的距离和姿势，注意玻璃器皿的热传导性等。学生还应注意实验中可能出现的危险情况，并采取相应的安全措施，如佩戴个人防护装备、避免与化学物质直接接触等。

通过掌握实验操作的基本技巧，正确使用实验设备、仪器和玻璃器皿，以及熟悉常见的实验技术，学生能够更加安全和准确地进行有机化学实验。遵循正确的操作步骤和安全制度，不仅可以保障学生的安全，而且可以提高实验的可靠性和结果的准确性。因此，学生应不断练习和提升实验操作的技巧，并始终关注实验室安全和实验质量。

### （六）废物处置和实验室清洁

学生应妥善处置实验产生的废弃物和实验残留物，按照实验室规定进行正确的废弃物分类、分装和交付处理。同时，学生还应保持实验室的整洁和清洁，及时清理工作区域、处理废弃物和实验残留物，并确保实验室设备和器皿的干净和完好。

**1. 废弃物分类和分装**

学生应按照实验室规定和相关法规，正确对实验产生的废物进行分类和分装。不同类型的废弃物可能具有不同的性质和危险性，因此学生应将其分为不同的类别，如化学性废物、生物废物、固体废物等。在分装过程中，学生应选用合适的容器和包装材料，并确保容器密封良好，以避免泄漏和污染。

**2. 废弃物交付处理**

学生应按照实验室规定将废弃物交付给专门的处理机构或负责废弃物处理的人员。实验室通常会提供相应的废弃物处理指南，学生应按照这些指南进行正确的废弃物交付。在交付前，学生应对废弃物进行适当标识，包括标记废弃物的性质、数量和日期等信息。

**3. 实验区域的清洁**

学生应及时清理实验区域，包括清理工作台、仪器设备和玻璃器皿等。废弃物和实验残留物应被妥善处理，不能堆放在工作区域或其他不适当的位置。清洁工作应采用适当的工具和清洁剂，如抹布、洗涤剂、溶液等，并按照实验室规定进行清洁操作。

**4. 实验器皿的清洁和维护**

学生应保持实验室器皿的干净和完好。在使用完毕后，学生应将器皿进行适当的清洗和干燥，以确保其可再次使用或储存。在清洗器皿时，学生应使用适当的洗涤剂和清洗工具，并彻底冲洗干净。需要注意的是，某些化学物质可能需要特殊的清洗方法或溶剂。

妥善处理废弃物和实验残留物，并保持实验室的整洁和清洁，能够给学生提供一种安全、卫生的实验环境。这可以减少实验室事故的发生，保护实验人员的健康，并确保实验结果的准确性和可靠性。因此，学生应始终关注废物处置和实验室清洁的重要性，并按照实验室规定和操作指南进行相应的操作和处理。

### （七）紧急情况和事故处理

学生应了解实验室中可能发生的紧急情况和对应的事故处理程序。学生应知道如何采取紧急措施，如报警、疏散、急救等，并及时向实验室管理人员和指导教师汇报事故和问题。

**1. 应对紧急情况的意识**

学生应提前了解实验室中可能发生的紧急情况，如火灾、泄漏、溢出、意外受伤等，并对应急程序和安全设备的使用方法有所了解。学生还应熟悉紧急出口的位置、疏散路线和集合点位置等信息。这样，当紧急情况发生时，学生能够迅速做出反应，采取适当的紧急措施，确保自己和他人的安全。

**2. 报警和疏散**

学生应知道如何正确报警，并了解实验室内部和实验室外部的报警装置的位置和使用方法。在紧急情况下，学生应立即按下报警器，并尽快疏散到安全地点。学生应熟悉实验室的疏散路线，并遵循指定的疏散程序。

**3. 急救和伤害处理**

学生应具备基本的急救知识和技能，以便在紧急情况下能够采取适当的急救措施。学生应熟悉实验室中的急救设备和急救药品的位置，并知道如何正确使用这些设备和药品。在紧急情况下，学生应迅速采取急救措施，如心肺复苏术、止血、包扎伤口等，并尽快向相关的医疗人员寻求帮助。

**4. 汇报事故和问题**

学生应及时向实验室管理人员和指导教师汇报发生的事故和问题。无论是实验中的意外事故、化学品泄漏还是设备故障，学生都应立即报告，并按照实验室规定和指导教师的要求采取进一步行动。及时汇报可以促使快速应急响应和问题解决，减少潜在的危险和损失。

学生在实验室中应始终保持警觉，注意个人安全，并对紧急情况和事故处理程序有所了解。掌握紧急措施和事故处理程序的知识可以帮助学生在危险发生时迅速采取行动，保护自己和他人的安全。同时，学生还应遵循实验室规定，听从指导教师的指导，加强安全意识培养和实验室安全培训，以确保实验室工作的顺利进行。

总之，有机化学实验室的安全知识是学生进行实验工作的基础，学生应遵守实验室的安全规定和操作程序，正确使用个人防护装备，了解化学品的性质和安全操作方法，掌握实验操作的技巧和安全措施，并参与实验室的安全培训和紧急情况演练。只有具有全面的安全知识和安全意识，学生才能保证实验工作顺利进行，并确保实验人员的安全。

## 二、有机化学实验的文献检索方法和技巧

有机化学实验的文献检索是获取相关实验方法、技术和研究成果的重要步骤。以下是一些有机化学实验文献检索的方法和技巧，可以帮助学生有效获取所需信息。

### （一）学术数据库

使用学术数据库（如PubMed、SciFinder、Web of Science、Google Scholar等）进行文献检索是有机化学实验文献检索的常用方法。这些数据库涵盖了广泛的学术出版物，并提供了强大的搜索功能，使学生能够快速找到与特定实验或技术相关的文献。

**1. PubMed**

PubMed是一个生命科学和医学领域的数据库，包含了大量期刊文章和研究论文。对于有机化学实验的文献检索，可以在PubMed的搜索栏中输入关键词，如实验方法的名称、化合物的名称、反应的类型等。使用引号将多个关键词组合成短语可以缩小搜索范围，例如，“organic synthesis”或者 “reaction mechanism”。此外，还可以根据作者、期刊名称、出版年等进行高级搜索和筛选。

**2. SciFinder**

SciFinder是化学领域被最广泛使用的数据库之一，提供了大量有机化学文献和化学物质信息。使用SciFinder进行文献检索时，可以使用具体的化合物名称、反应名称等关键词进行搜索。同时，SciFinder还提供了反应条件、实验步骤、反应产物等的详细信息，使学生可以更全面地了解相关实验细节。

**3. Web of Science**

Web of Science是一个跨学科的学术数据库，涵盖了广泛的学术出版物。通过在Web of Science中输入关键词，学生可以找到与有机化学实验相关的期刊文章和研究论文。此外，Web of Science还提供了引用检索的功能，可以查找某篇文献被其他文献引用的情况，帮助学生了解该实验方法的影响和应用。

**4. Google Scholar**

Google Scholar是一个全面的学术搜索引擎，可以检索到各种学术资源，包括期刊文章、学位论文、会议论文等。在Google Scholar中输入相关的关键词，学生可以获取与有机化学实验相关的文献。Google Scholar还提供了一些便捷的搜索工具，如在文献标题中使用intitle（用关键词可以进行精确搜索），使用filetype（关键词可以限定特定文件类型）等。

在进行文献检索时，学生应注意选择合适的数据库，根据具体需求灵活运用不同的检索方法和技巧。同时，应关注文献的质量和可信度，仔细评估文献的来源和作者的资质，以确保所获取的信息具有可靠性和准确性。

### （二）专业期刊和杂志

在我国，有许多重要的有机化学期刊和杂志，发表了大量有机化学实验方法和技术

的研究成果。以下是一些国内的有机化学期刊和杂志，它们也是了解有机化学实验领域最新进展的重要资源。

**1.《有机化学》**

这是中国化学会主办的核心期刊之一，发表了广泛的有机化学研究和实验方法。该期刊涵盖了有机合成、反应机理、有机分析等方面的研究，为学生和研究人员提供了中国有机化学实验领域的最新动态。

**2.《有机化学学报》**

这是中国科学院有机化学研究所主办的期刊，发表了高质量的有机化学研究论文和实验方法。该期刊特别关注有机合成、催化反应、天然产物的合成等方面的研究，是中国有机化学领域的重要学术刊物。

**3.《化学学报》**

这是中国化学会主办的综合性学术期刊，涵盖了多个化学领域，包括有机化学。该期刊发表了广泛的有机化学实验和研究成果，为学生提供了了解中国有机化学实验领域的重要渠道。

**4.《中国科学：化学》**

这是中国科学院主办的综合性科学期刊之一，发表了各个化学领域的研究成果。在有机化学实验方面，该期刊涵盖了广泛的研究领域和实验方法，为学生提供了中国有机化学实验的最新进展。

以上期刊仅是我国有机化学实验领域的一部分，还有其他相关的有机化学期刊和杂志，如《有机化学前沿》《化学进展》等，其中发表了大量有机化学实验方法和技术的研究。定期浏览这些期刊，阅读相关文章，可以紧跟中国有机化学实验领域的最新进展，积累实验技术，拓宽自己的知识领域。

### （三）参考图书

有机化学实验的参考图书通常包含了丰富的实验方法和技巧。查阅经典的有机化学实验图书，可以获得实验设计、步骤和技术要点的详细信息。

经典的有机化学实验参考图书是学习实验方法和技巧的重要资源。通过查阅这些图书，学生可以获得有机化学实验的全面指导和实践技巧，从而提高实验操作的准确性和可靠性。

### （四）实验室手册和实验室网站

许多大学和研究机构都为其实验室编写了专门的实验室手册，并在网站上提供了实验方法和技术的详细信息。这些资源旨在为学生和研究人员提供特定实验室的实验指南和操作规程，确保实验的顺利进行，并保障实验人员的安全。

这些实验室手册和网站通常包含以下内容。

**1. 实验步骤和操作指南**

详细描述了特定实验的步骤和操作过程，包括试剂的配制、设备的使用、反应条件的控制等。这些步骤和指南通常经过验证和优化，以确保实验结果的准确性和可重复性。

**2. 实验注意事项和安全措施**

提供了实验过程中需要注意的事项，如化学品的危险性、操作时需要穿戴个人防护装备、急救设备的位置等。这些注意事项和安全措施旨在保护实验人员的安全，并确保实验室环境的安全。

**3. 数据记录和报告要求**

指导学生记录实验数据的方法和格式，并提供实验报告的要求和范例。这有助于学生准确记录实验结果并撰写完整、规范的实验报告。

**4. 仪器设备的使用说明**

提供了实验室常用仪器和设备的使用说明和操作技巧，以确保正确操作和维护仪器设备，获得准确的实验结果。

这些实验室手册和网站通常由实验室主管或相关教师编写，并经过学校或机构的审核和更新。学生和研究人员可以通过查阅这些资源，了解特定实验室的实验方法和技术要求，确保他们在实验过程中遵循正确的操作流程和安全规定。

此外，这些实验室手册和网站还可以提供其他有用的信息，如实验室设备的预约和借用流程、实验室的开放时间、实验报告提交要求等，以方便学生和研究人员更好地利用实验室的资源和设施。

大学和研究机构的实验室手册和网站是学生和研究人员获取特定实验室的实验方法和技术信息的重要途径。通过查阅这些资源，学生和研究人员可以得到实验操作的准确指导和安全保障，从而使实验效果更显著，并提高实验室工作的质量。

### （五）合作导师和同行研究人员交流

与导师和同行研究人员的交流是在有机化学实验中获取宝贵指导和资源的重要途径。导师通常拥有丰富的实验经验和专业知识，可以为学生提供实验方法和技巧的指导，并推荐相关的文献资源。同行研究人员也是宝贵的资源，他们可能在特定实验领域有着独特的经验和见解。

与导师和同行进行交流的益处如下。

**1. 文献推荐**

导师和同行研究人员可以为学生推荐相关的有机化学实验文献，特别是那些经典的实验方法和技术的参考文献。他们知道哪些文献对学生的实验研究特别有帮助，以及哪些期刊或杂志在该领域具有权威性。

**2. 实验经验分享**

导师和同行研究人员可以分享他们在实验中遇到的挑战、解决问题的方法和技巧，以及实验中的注意事项。他们的经验可以帮助学生避免常见的错误和困惑，提高实验的效率和准确性。

**3. 实验讨论和解释**

与导师和同行研究人员进行交流，学生可以就实验设计、结果解释和反应机理等方面进行讨论。导师和同行研究人员可以提供不同的观点和解释，帮助学生更好地理解实验现象，并提供更深入的研究方向和思路。

**4. 实验设备和资源共享**

导师和同行研究人员可能拥有特定的实验设备和资源，学生可以向他们了解设备的使用和维护技巧，或者申请使用他们的实验设备和资源，以扩大自己的实验能力和研究范围。

通过与导师和同行研究人员的交流，学生可以建立起良好的学术合作关系，分享实验经验和知识，共同探索有机化学实验领域的前沿。这种合作和交流不仅有助于学生个人的学术成长，而且有助于推动有机化学实验的发展和创新。因此，学生应主动与导师和同行研究人员保持沟通，并积极寻求他们的指导和建议。

### （六）学术会议和研讨会

参加有机化学领域的学术会议和研讨会是学术交流和分享研究成果的重要平台。这些会议和研讨会聚集了来自不同国家和机构的有机化学研究人员，提供了一个广泛交流和讨论最新研究进展、实验技术和方法的机会。参加这些学术活动可以带来以下益处。

**1. 最新研究动态**

学术会议和研讨会为参会者提供了了解最新研究动态和前沿领域的机会。通过报告、口头演讲和海报展示等形式，学生可以了解其他研究人员在有机化学领域的最新发现和创新成果，拓宽自己的知识面。

**2. 学术交流和合作**

会议和研讨会为研究人员提供了一个交流和合作的平台。学生可以与其他研究人员进行面对面的讨论和交流，分享自己的研究成果，提出问题并获得宝贵的反馈和建议。这种学术交流和合作有助于扩展学生的学术网络，并可能为学生带来合作项目或学术合作机会。

**3. 实验技术和方法分享**

学术会议和研讨会通常涵盖各种实验技术和方法的讨论和分享。与其他研究人员交流，学生可以了解不同实验室的实验技术和方法，分享自己的实验经验，并学习其他实验室的经验。这对学生来说是一个宝贵的学习机会，可以提高自己的实验技能。

**4. 学术氛围和激励**

参加学术会议和研讨会能够让学生沉浸在学术氛围中，与志同道合的研究人员一起沉浸在高昂的学术热情中。这种学术氛围能够激发学生的创造力和灵感，促进学术成长和进步。

参加有机化学领域的学术会议和研讨会，不仅可以获取最新的研究动态和实验技术，而且可以建立起与其他研究人员的联系和合作。因此，学生应该积极参与这些学术活动。这样，不仅可以展示自己的研究成果，而且可以深入了解有机化学领域的最新发展趋势，并为个人学术发展打下坚实的基础。

在进行文献检索时，要注意选择权威、可靠的信息源，并仔细筛选和评估文献的质量和可信度。同时，建议将相关文献的引用信息记录下来，以便于后续查阅和引用。

## 第三节　间歇釜式合成常用玻璃仪器与设备

在有机化学实验中，间歇釜式合成是一种常用的实验方法，它可以用于合成各种有机化合物，可以进行各种有机化合物反应。在进行间歇釜式合成实验时，使用适当的玻璃仪器与设备至关重要。这些仪器和设备不仅能提供反应容器和操作平台，而且能确保实验的安全性和准确性。本节将介绍一些常见的间歇釜式合成常用玻璃仪器与设备，包括反应釜、回流冷凝器、加热器、磁力搅拌器、过滤漏斗、干燥管、分液漏斗和温度计等。这些仪器和设备在有机化学实验中扮演着重要的角色，为实验的顺利进行提供了必要的支持和保障。

### 一、反应釜（reaction kettle）

反应釜，又称为反应瓶或反应容器，是有机化学实验中进行有机合成反应的主要容器之一。它通常采用圆底烧瓶或烧杯的形式，并具备适当的容量和连接口，以便装载反应物和反应溶液。

选择反应釜应根据实验的需要和反应体系的特点进行。对于小规模实验，一般可以选择适宜容量的圆底烧瓶作为反应釜。圆底烧瓶具有良好的稳定性和耐热性，能够承受较高的温度和压力。此外，烧瓶上通常配有标尺，方便对反应物的体积进行测量和控制。对于一些需要进行较大尺度操作或加热反应的实验，普通烧瓶的容量可能不足以满足需求。这时可以选择较大容量的烧瓶或使用烧杯作为反应釜。烧杯通常具有更大的容量，并且顶部通常带有宽口设计，便于加入反应物和观察反应的进展。

反应釜在有机化学实验中的作用非常重要。它不仅提供了反应体系的容器，还提供了反应物的混合和搅拌的空间。反应釜的连接口通常可以与其他仪器和设备配合使用，例如回流冷凝器、加热器、磁力搅拌器等，以实现反应条件的控制和反应过程的优化。

在选择和使用反应釜时，需要注意以下四点：第一，容量选择。根据反应的体积和需求选择适当容量的反应釜，以确保反应物和溶液的充分反应和混合。第二，材料选择。反应釜通常采用耐热玻璃材料，如硼硅酸玻璃或石英玻璃，以确保其耐高温和耐腐蚀性能。第三，连接口选择。根据实验的需要选择合适的连接口和密封方式，以确保反应体系的密封性和安全性。第四，操作注意事项。在使用反应釜时，要注意正确装载反应物和反应溶液，避免过度填充和溢出。此外，要注意使用适当的温度和搅拌条件，以确保反应的进行和控制。

反应釜作为有机化学实验中的主要容器，承担着装载反应物和反应溶液、混合和搅拌反应物、提供反应空间的重要角色。正确选择和使用反应釜可以有效地支持有机合成反应的进行，并确保实验的成功和安全。

## 二、回流冷凝器（reflux condenser）

回流冷凝器在有机化学实验中扮演着重要角色，用于控制反应系统的温度，并防止反应溶液的挥发和损失。它通常由直管冷凝器或分水冷凝器组成。

直管冷凝器是一种常见的回流冷凝器，由一根或多根玻璃管组成。冷却剂（如冷水或冰水）通过外部管道循环流动，而反应溶液则通过内部管道流动。在反应溶液通入冷凝器的过程中，冷却剂将反应溶液中的热量吸收，使反应溶液冷却并凝结。冷凝后的反应溶液将回流至反应容器中，从而实现反应溶液的连续冷凝和循环。

分水冷凝器是另一种常见的回流冷凝器，它由两个玻璃容器组成，上方是一个水池，下方是一个接受冷凝液的收集瓶。通过调节水池的水位，可以控制冷凝液的回流速度和冷却效果。在分水冷凝器中，冷却剂通过外部管道流入水池，然后通过管道连接到反应容器，使反应溶液冷却、凝结，并回流至收集瓶中。

回流冷凝器的作用是多方面的。首先，它可以有效地控制反应系统的温度，防止反应过程中温度过高或过低对反应造成影响。其次，它可以避免反应溶液的挥发和损失，尤其在高温条件下，可以减少溶液中挥发性组分的流失。最后，回流冷凝器还可以提供连续的冷凝和循环过程，使反应能够在恒定的温度下进行，从而提高反应的选择性和产率。

在使用回流冷凝器时，需要注意以下四点：第一，冷却剂的选择。根据实验的需求选择适当的冷却剂，如冷水或冰水，以确保冷凝器的冷却效果。第二，温度控制。根据反应的要求，调节冷却剂的流速和温度，以保持反应溶液的适宜温度。第三，密封性检查。确保冷却器的连接口具有良好的密封性，以防止冷却剂泄漏和反应溶液外溢。第四，清洁和维护。定期清洗和检查回流冷凝器，以去除积聚的物质，并保持回流冷凝器正常运行。

回流冷凝器在有机化学实验中起着重要的作用，用于控制反应系统的温度和防止反应溶液的挥发和损失。直管冷凝器和分水冷凝器是常见的回流冷凝器类型，通过循环冷却剂实现反应溶液的连续冷凝和循环。正确使用和操作回流冷凝器，可以确保实验的成功和安全。

## 三、加热器（heater）

加热器在有机化学实验中起着至关重要的作用，用于加热反应釜中的反应溶液，提供适宜的温度条件，以促进反应的进行。加热器通常是一个绝缘套，内部包裹着电热丝，能够均匀地加热。

加热器的设计考虑了反应釜的形状和尺寸，以确保加热的均匀性和温度控制的准确性。绝缘套的外层通常由耐热的材料制成，如玻璃纤维或陶瓷材料，能够有效地隔热，防止热量向外传递，提高加热效率。

在加热过程中，电热丝会通过电流加热，产生的热量传递到绝缘套的内部，然后传递给反应釜中的反应溶液。电热丝通常由耐高温的合金材料制成，能够耐受高温环境并提供稳定的加热效果。加热器通常配备温度控制器，可以精确地调节和控制加热温度，以满足实验的需求。

使用加热器时，需要注意以下四点：第一，温度控制。根据实验需求和反应条件，调节加热器的温度控制器，确保反应溶液可以达到所需的温度，并保持稳定。第二，均匀加热。确保加热器能够进行均匀的加热，以避免反应溶液出现局部过热或过冷的情况。第三，安全操作。遵循实验室的安全规定，确保加热器的电源连接正确，并定期检查加热器的电线和插头是否完好，避免出现电路故障和触电风险。第四，加热速率控制。根据实验的需要，调节加热器的加热速率，以避免快速加热导致剧烈反应和溶液的波动。

加热器的使用需要注意实验的安全性和稳定性，确保反应釜和加热器之间的连接良好，以防止溶液泄漏和加热不均匀。同时，加热器的操作应严格遵守实验室的操作规程和安全要求，确保实验的顺利进行和实验人员的安全。

加热器是有机化学实验中常用的设备，用于加热反应釜中的反应溶液。其绝缘套和电热丝的设计确保了加热温度的均匀性和温度控制的准确性。合理使用和操作加热器可以提供良好的加热效果，促进反应的进行，并确保实验的成功和安全。

## 四、磁力搅拌器（magnetic stirrer）

磁力搅拌器是有机化学实验中常用的设备，用于在反应过程中搅拌反应溶液，以促进反应的进行和混合。它利用磁力原理，实现了无需机械接触的搅拌效果。

磁力搅拌器主要由两部分组成：磁性子弹和外部的磁力搅拌器。磁性子弹通常是由永磁材料制成的，具有磁性，可以在反应容器底部固定。外部的磁力搅拌器是一个磁场发生器，通常由一个电动机和磁力传递装置组成，通过产生磁场来吸引和旋转磁性子弹。

使用磁力搅拌器具有以下优点：首先，无需机械接触。磁力搅拌器通过磁力实现搅拌效果，避免了机械搅拌器可能引入的污染和磨损问题。其次，均匀搅拌。磁力搅拌器可以提供均匀而稳定的搅拌效果，确保反应溶液的充分混合和均匀分布，有助于反应的进行和速率的控制。再次，操作方便。磁力搅拌器的操作非常简便，只需将磁性子弹放置在反应容器底部，并在外部放置磁力搅拌器，就可以通过调节磁力搅拌器的转速来控制搅拌效果。最后，温度控制。与加热器配合使用时，磁力搅拌器可以实现温度均匀分布，避免热点和冷点的形成，提高反应的控制性和可重复性。

在使用磁力搅拌器时，需要注意以下三点：第一，安全操作。确保磁性子弹正确安装在反应容器底部，外部磁力搅拌器的位置与磁性子弹相对应。同时，要避免将磁性子弹吸入外部磁力搅拌器内或与磁性材料接触。第二，转速控制。根据实验的需要和反应溶液的特性，选择合适的搅拌转速，以获得所需的搅拌效果。过高的转速可能引起喷溅和溅射，过低的转速可能导致搅拌不均匀。第三，反应容器选择。磁力搅拌器适用于具有磁性子弹安装位置的反应容器，通常是圆底烧瓶、烧杯等玻璃容器。

磁力搅拌器是有机化学实验中常用的设备，它利用磁力实现了无需机械接触的搅拌效果。其优点包括无污染、均匀搅拌和操作方便等。合理使用和操作磁力搅拌器可以提高实验的效率和可控性，并确保实验的顺利进行和实验结果的准确性。

## 五、过滤漏斗（filter funnel）

过滤漏斗是有机化学实验中常用的设备，用于分离反应溶液中的固体产物或沉淀物。它由一个漏斗底部的锥形滤纸支架和一个玻璃喉管组成。

过滤漏斗的主要功能是使反应溶液通过滤纸的微小孔隙，以实现固体与液体的分离。在具体操作时，将含有固体产物或沉淀物的反应溶液倒入漏斗，固体颗粒被截留在滤纸上，而溶液则通过滤纸孔隙流出，从而实现分离。

过滤漏斗的设计有一些关键要点：首先，滤纸支架。漏斗底部的锥形滤纸支架通常由玻璃制成，具有合适的形状和尺寸，可以容纳滤纸并提供支撑。滤纸支架的锥形设计可以帮助液体快速通过滤纸，提高过滤效率。其次，玻璃喉管。玻璃喉管位于滤纸支架的顶部，用于连接漏斗和接收容器。它通常是一根细长的玻璃管，具有适当的长度和宽度，用于引导流经滤纸的液体进入接收容器。

在使用过滤漏斗时，需要注意以下四点：第一，选择合适的滤纸。根据实验需求和反应溶液的特性，选择合适的滤纸，包括考虑滤纸的孔径、质量和化学耐受性等。常用的滤纸有定量滤纸、定性滤纸和玻璃纤维滤纸等。第二，预处理滤纸。某些滤纸，特别是玻璃纤维滤纸，可能需要进行预处理，如提前浸泡在适当的溶剂中，以去除残留的杂质和溶剂。第三，控制过滤速度。过滤速度受滤纸孔径和液体的黏度等因素影响。在过滤过程中，应注意控制液体的滴速，以避免溢出或滤液渗漏。第四，清洗和维护。使用后，应及时清洗和维护过滤漏斗。滤纸应被丢弃，滤纸支架和玻璃喉管应进行清洗和干燥，以确保下次使用时的清洁和无污染。

过滤漏斗用于分离反应溶液中的固体产物或沉淀物。它的设计和使用方法简单，但它在实验操作中起到了关键的分离作用。合理使用和操作过滤漏斗，可以实现高效分离，提高实验的准确性和效率。

## 六、干燥管（drying tube）

干燥管在有机化学实验中起着重要的作用，用于除去反应系统中的水分和气体杂质。它通常由一根带有吸湿剂的玻璃管组成，常用的吸湿剂有氢氧化钠、氢氧化钙、氯化钙等。

干燥管的原理是利用吸湿剂对水分和气体杂质的高亲合性，将水分和气体杂质吸附到吸湿剂表面，从而达到除湿和净化的效果。在实验中，干燥管通常安装在反应系统的进气口或出气口，以防止水分和杂质进入或离开反应系统，影响实验的准确性和可靠性。

在使用干燥管时，需要检查吸湿剂的状态，如果吸湿剂已经饱和或失去吸附能力，需要及时更换或再生。更换吸湿剂时，应注意操作环境的干燥，避免吸湿剂受潮。

干燥管的正确使用能够有效去除反应系统中的水分和气体杂质，确保实验的顺利进行。在实验室操作中，学生应熟悉干燥管的原理和使用方法，并根据实验需要选择合适的吸湿剂和干燥管进行操作。同时，应注意干燥管的密封性和安全性，避免发生漏气和意外事故。

干燥管是有机化学实验中常用的装置，用于除去反应系统中的水分和气体杂质。正确使用干燥管能够保证实验的质量和准确性，学生应了解其原理和使用方法，并严格遵守实验室的安全规定。

### 七、分液漏斗（separatory funnel）

分液漏斗在有机化学实验中被广泛应用于液液萃取等分离操作。它是一种具有锥形底部和一个分离口的玻璃仪器，能够有效地将两种不相溶的液体分离。

分液漏斗的工作原理基于液体的密度差异。当两种不相溶的液体混合在一起后，它们会在分液漏斗中逐渐形成两个分层。由于密度不同，较重的液体会下沉到底部形成底层，较轻的液体则浮在上层。打开分离口，可以将底层液体与上层液体分离开来。

在液液萃取过程中，分液漏斗的使用十分重要。它能够有效地分离有机相和水相、有机溶剂和废弃溶剂等不相溶的液体。分液漏斗通常有标度，可以用来准确地测量和控制液体的体积。

在使用分液漏斗时，需要注意以下三点：首先，保持分液漏斗干净和干燥，确保没有残留物或水分影响分离效果。其次，在操作过程中，要缓慢打开分离口，控制流速，避免溅出和混合。最后，分离完成后，可以倾斜分液漏斗，用橡胶塞堵住分离口，以防止不必要的混合和泄漏。

分液漏斗的正确使用能够有效地进行液液分离操作，提高实验的效率和准确性。在有机化学实验中，学生应熟悉分液漏斗的结构和工作原理，并严格遵守实验室的安全规定，避免意外事故的发生。

### 八、温度计（thermometer）

温度计在有机化学实验中被广泛应用于测量反应系统的温度。它是一种用于测量温度的仪器，实验中通常采用玻璃毛细管温度计。

玻璃毛细管温度计是一根细长的玻璃管，内部填充有一小段红色或蓝色的液体（通常是汞或酒精）。温度的变化会导致液体的膨胀或收缩，进而使液体在毛细管中上升或下降。通过读取毛细管上液面所达到的刻度，可以确定温度的值。

使用温度计时，应注意：在使用前，检查温度计是否完好无损，毛细管是否畅通。将温度计轻轻插入反应溶液中，确保液体完全覆盖温度计的毛细管部分。等待片刻，让温度计的液面稳定在一个刻度上，然后读取温度值。避免读取时的视角误差。使用后，应将温度计小心取出并清洗干净，存放在安全的地方，避免损坏或污染。

温度计在有机化学实验中的应用非常重要。准确测量反应系统的温度能够帮助控制反应条件，了解反应的进行和速率，优化实验结果。在操作温度计时，需要小心谨慎，确保正确读取温度并遵守实验室的安全规定，以防止温度计破裂或污染实验系统。

以上仅是一些常见的间歇釜式合成常用玻璃仪器与设备，实际使用的仪器和设备可能会根据实验需求和反应类型有所不同。在有机化学实验中，正确选择和使用这些玻璃仪器与设备是保证实验成功和安全的重要因素。

## 第四节 玻璃仪器的洗涤与干燥

玻璃仪器的洗涤与干燥是有机化学实验中至关重要的步骤之一。彻底清洁和有效干燥玻璃仪器，可以确保实验的准确性和可靠性，并避免实验中的污染和误差。在洗涤和干燥过程中，需要注意使用适当的方法和工具，以确保仪器的彻底清洁和干燥，从而为后续实验提供良好的基础。

以下是玻璃仪器的洗涤和干燥的一般步骤。

### 一、预处理

在进行玻璃仪器的洗涤和干燥之前，首先需要对使用的仪器进行分类和分组。这可以根据仪器的性质、用途和特殊要求来进行。例如，可以将烧杯、烧瓶、漏斗等常规实验仪器放在一组，将显微镜片、比色皿等特殊实验仪器放在另一组。

在分类和分组之后，需要仔细检查每个玻璃仪器，确保其表面没有附着任何标签、尘土或残留物。标签和残留物可能影响仪器的清洁度和使用性能，因此应尽可能将它们去除。

此外，还需要检查仪器的完整性和损坏情况。如果发现有破损、裂纹或其他缺陷的玻璃仪器，应将其分开放置，并及时进行维修或更换。正确的分类和检查过程可以确保洗涤和干燥的高效性和有效性，为后续的清洗步骤奠定基础。

### 二、温水清洗

在玻璃仪器洗涤过程中，使用温水是一种常见的方法，温水能够有效去除大部分化学物质和污垢。温水的温度选择可以根据实际情况来确定，一般来说，温度不应过高，以避免对玻璃形成热应力。

除了温水，也可以根据需要选择合适的洗涤剂或碱性溶液。洗涤剂能够在水中形成乳化液，有效分散、去除污垢。碱性溶液更适合去除一些难以清洗的有机物或油脂。在选择洗涤剂或碱性溶液时，应注意其与玻璃的相容性，避免腐蚀玻璃或对玻璃造成其他不良影响。

在清洗过程中，要确保所有表面都受到充分的清洗，包括仪器的内部和外部。可以使用洗涤刷、海绵或洗涤棉等工具，轻柔地刷洗玻璃表面，以去除顽固的污垢或残留物。对于内部较细小或难以达到的部位，可以使用棉签、管刷等工具进行清洁。要特别注意分开洗涤不同仪器，避免交叉污染。对于有机溶剂的洗涤，要确保彻底去除残留的有机溶剂，以避免后续实验受到污染。

在清洗完成后，要用流动的清水将仪器彻底冲洗，以去除残留的洗涤剂或碱性溶液。确保仪器表面清洁无污垢，不留下水迹或水滴。

适当洗涤剂的选择和彻底的清洗，可以确保玻璃仪器的干净和质量，为后续的使用和实验提供良好的基础。

## 三、特殊处理

特殊的玻璃仪器（如反应瓶、进口管等）可能存在一些狭窄或难以清洗的部位，需要进行进一步的处理，才能彻底去除残留物。

对于反应瓶，瓶口是一个重要的区域，常常会有化学物质或残留物附着在上面。可以使用细长的刷子、棉签或特殊的瓶口刷进行清洁。将刷子浸泡在洗涤液中，然后通过旋转和上下移动的方式彻底清洁瓶口。确保刷子的尺寸和形状与瓶口相匹配，以便能够到达细小的角落。

对于细长管道或进口管，可以使用细长的管刷进行清洁。将管刷插入管道内部，通过旋转和上下移动的方式清洁管道的内壁。要求管刷的尺寸与管道直径相匹配，以确保有效清洁。

在清洗这些特殊玻璃仪器时，需要更加仔细和耐心。确保彻底清洗所有难以触及的部位，避免残留物的积累和交叉污染。同时，要注意遵守实验室的安全规定，使用适当的个人防护装备，以防止意外伤害。

清洗完成后，同样要进行彻底的清水冲洗，确保洗涤剂或清洁剂的残留物被彻底去除。检查仪器的各个部位，确保没有残留的污垢或洗涤剂。

通过细致地清洁和处理，可以确保特殊玻璃仪器的洁净和高质量，为后续实验的顺利进行提供良好的条件。

## 四、水洗

冲洗玻璃仪器是保证实验准确性和可靠性的重要步骤。使用流动的纯水或去离子水来彻底冲洗玻璃仪器，可以有效去除清洗剂和杂质，确保仪器表面干净无污染。

首先，将玻璃仪器放置在流动水下，确保所有表面都受到充分的冲洗。使用自来水可以起到初步冲洗的作用，将较大的残留物冲洗掉。

其次，使用纯水或去离子水进行细致冲洗。可以将玻璃仪器放入盛有纯水或去离子水的容器中，让水流通过仪器内部和外部，确保冲洗彻底。可以使用喷头或流水冲洗装置，以较高的水流速度冲洗玻璃仪器，帮助彻底去除残留的清洗剂和杂质。在冲洗过程中，可以使用刷子或棉球轻轻擦拭玻璃仪器的表面以及瓶口和细长管道等难以冲洗到的部位，以确保彻底清洁。

再次，在冲洗完成后，仔细检查玻璃仪器的各个部位，确保没有残留的清洗剂或杂质。可以通过观察、触摸或倾斜仪器来判断是否干净无污染。

最后，将冲洗干净的玻璃仪器放置在通风良好的区域自然晾干，或者使用纸巾或洁净的吹风机将仪器表面的水分除去。确保仪器完全干燥后，可以进行储存或下一步的实验操作。

冲洗过程中要注意安全，遵循实验室的操作规范和个人防护要求。同时，要确保纯水或去离子水的质量和纯度，以避免引入新的污染物。

通过彻底冲洗玻璃仪器，可以确保仪器表面干净、无残留物，为后续实验提供一种洁净的工作环境，并确保实验结果的准确性和可靠性。

## 五、干燥

在洗涤完成后，正确地干燥玻璃仪器是确保仪器表面干净、无水迹和污染物的关键步骤。以下是一些常用方法：第一种，自然干燥。将洗净的玻璃仪器放置在通风良好的区域，让其自然晾干。确保仪器摆放平稳，避免碰撞和倾倒。这种方法需要一定的时间，但可以避免由于干燥过程中的操作不当引入新的污染物。第二种，纸巾吸干。使用干净、无纤维残留的洁净纸巾轻轻擦拭玻璃仪器的表面，帮助去除水迹和残留的水分。选择质量好的纸巾，避免残留纤维或纸屑的问题。注意避免使用有印刷文字或图案的纸巾，以免引入污染物。第三种，吹风机辅助干燥。使用洁净的吹风机（通常使用冷风档）对玻璃仪器进行吹风，加速干燥过程。确保吹风机干净无尘，并将风口与玻璃仪器保持适当距离，避免碰撞或热风损伤玻璃。

无论选择哪种干燥方法，都要注意以下事项：第一，避免使用有纤维残留的纸巾或布，以免引入新的污染物；第二，避免使用破损、污染或不洁净的吹风机，确保吹风机的风口干净无尘；第三，避免在干燥过程中碰撞或损坏仪器，确保仪器能安全稳定地放置；第四，确保玻璃仪器彻底干燥后，可进行储存或下一步的实验操作。

在实验室中，保持玻璃仪器的干净和干燥非常重要，这有助于避免可能的污染和影响实验结果的因素。因此，在玻璃仪器的洗涤和干燥过程中，要遵循实验室的操作规范和个人防护要求，以确保仪器在完全干燥后进行后续使用或储存。

## 六、烘干

确保玻璃仪器完全干燥非常重要，特别是对于需要完全干燥的玻璃仪器，如干燥管或烧杯。在烘干过程中，将玻璃仪器放入烘箱中可以加速干燥并确保仪器表面无水迹。

以下是一些关键的注意事项：第一，选择适当的温度。在放入烘箱之前，了解玻璃仪器所能承受的最高温度。确保选择的烘干温度不会超过其耐热温度范围。在通常情况下，温度应逐渐升高，以避免突然的温度变化。第二，缓慢升温。开始时，应以较低的温度烘干，并逐渐提高温度。缓慢升温有助于减少热应力，避免玻璃仪器破裂或变形。第三，均匀加热。确保烘箱中的温度分布均匀，以避免局部过热或过冷的情况。定期检查烘箱内的温度均匀性，并根据需要进行调整。第四，观察仪器状态。定期观察玻璃仪器的状态。如果发现裂纹、变形或其他异常情况，应立即停止烘干过程，避免进一步损坏。第五，冷却过程。在玻璃仪器完全干燥后，逐渐降低烘箱温度，允许仪器缓慢冷却。避免突然的温度变化，以防止热应力引起的破裂。

请注意，烘干玻璃仪器时，要特别小心，因为不同类型的玻璃仪器具有不同的耐热性和耐温范围。参考制造商提供的指南和说明，以了解特定仪器的烘干要求和建议。为确保实验室安全，烘干过程应在适当的设备和条件下进行，并遵守实验室的操作规范和安全程序。

## 七、储存

在玻璃仪器完全干燥后，将其妥善储存，避免其受到尘埃、湿气和其他污染物的影响。使用干燥的、清洁的容器或箱子进行储存，以保持其清洁和完好。以下是一些关键的储存建议：首先，选择一个干燥、通风良好的存储区域。湿气可能会导致玻璃仪器表面结露或产生水迹，因此应避免存放在潮湿的环境中。其次，使用干燥的、清洁的容器或箱子进行储存。确保容器或箱子内部干燥并没有灰尘或其他杂质。对于容易受损的玻璃仪器，如脆弱的玻璃管或细长的玻璃棒，可以使用分隔垫或泡沫垫等物品将其分隔开，以防止碰撞和损坏。再次，避免过度堆放玻璃仪器，以避免压力和碰撞造成的损坏。确保每台仪器都有足够的空间，避免相互挤压和摩擦。最后，定期检查储存的玻璃仪器，确保其状态良好并没有受到任何损坏。如发现任何破损或缺陷，应及时进行修复或更换。对于特殊的玻璃仪器或有特殊要求的仪器，如容易混淆的玻璃管，可以在容器或箱子上进行标记，以便快速辨识和使用。

妥善地储存和保养可以延长玻璃仪器的使用寿命，并确保其在后续实验中的可靠性。同时，要遵循实验室的操作规范和安全程序，以保障实验室环境和人员的安全。

在玻璃仪器的洗涤和干燥过程中，需要注意以下几点：遵守实验室安全规定，使用个人防护装备，避免受伤。使用适当的洗涤剂和溶剂，根据仪器的性质和污染程度选择合适的清洗方法。对于复杂的仪器，可以参考相关的清洗和干燥指南或咨询有经验的同事或导师。定期检查玻璃仪器的状态，如果有损坏或磨损，应及时更换或修复，以确保实验的准确性和安全性。

洗涤和干燥玻璃仪器是有机化学实验中不可忽视的重要环节，它保证了实验的可靠性和准确性。正确的洗涤和干燥能够延长仪器的使用寿命，并确保实验结果的准确性和重现性。

# 第五节　常用有机溶剂及其精制

有机溶剂在有机化学实验中扮演着重要角色，用于溶解反应物、溶剂萃取、洗涤和溶剂蒸馏等操作。然而，许多有机溶剂常常受到空气中的水分和氧气的影响，或者含有杂质，这可能对实验结果产生负面影响。因此，精制有机溶剂至关重要。本节将介绍一些常用的有机溶剂及其精制方法，以确保实验的可靠性和准确性。

以下是一些常用的有机溶剂及其精制方法的简要介绍。

## 一、乙醚（ether）

乙醚是一种被广泛应用于有机化学实验室中的非极性有机溶剂。然而，由于其较低的沸点和挥发性，乙醚容易吸收水分并受到空气中的水分和氧气的影响，导致水解和过氧化反应。因此，在使用乙醚之前，需要对其进行脱水和脱氧处理，以确保其纯度和稳定性。

脱水是指去除乙醚中的水分，常用的方法是使用分子筛干燥剂。分子筛是一种具有吸湿性能的材料，能够吸附乙醚中的水分。将乙醚与分子筛接触，分子筛会吸收水分，从而净化乙醚。在一般情况下，可以将乙醚与分子筛干燥剂一起放置在密闭容器中，经过一段时间后，分子筛会吸附乙醚中的水分，使其脱水。

脱氧是指去除乙醚中的氧气，以防止过氧化反应的发生。过氧化反应可能导致乙醚变质，生成不稳定的化合物，甚至引发爆炸。常用的脱氧方法是使用铝锂合金脱氧剂。铝锂合金能够与乙醚中的氧气反应，将氧气转化为水和氧化铝，从而去除乙醚中的氧气。通常，在密闭容器中将铝锂合金与乙醚接触一段时间，即可完成脱氧过程。

通过脱水和脱氧处理，乙醚的水分和氧气含量可被有效降低，从而提高其纯度和稳定性。这样处理后的乙醚可用于有机合成反应，确保反应的可靠性和准确性。然而，为了保持其优良性能，处理后的乙醚应储存在干燥、密封的容器中，避免其与空气接触和长时间暴露在光线下。

## 二、氯仿（chloroform）

氯仿是一种常用的极性有机溶剂，在有机合成和分析实验中被广泛应用。它具有良好的溶解性和萃取能力，可用于溶解和分离许多有机化合物。然而，由于其极性和化学活性，氯仿容易受到环境中的水分和氧气的影响，导致水解和分解反应。

脱水是指去除氯仿中的水分，以提高其纯度和稳定性。常用的方法是使用分子筛干燥剂。分子筛能够吸附氯仿中的水分，从而净化氯仿。在通常情况下，将氯仿与分子筛干燥剂接触，分子筛会吸附氯仿中的水分，使氯仿脱水。这可以通过将氯仿与分子筛干燥剂一起放置在密闭容器中，在室温下静置一段时间来实现。

脱氧是指去除氯仿中的氧气，以防止分解反应的发生。氯仿的分解反应通常是酸催化的过程，而氧气是酸催化反应的必要条件之一。因此，去除氧气可以延缓或阻止氯仿的分解。常用的脱氧方法是使用铝锂合金脱氧剂。铝锂合金能够与氧气反应，将氧气转化为水和氧化铝，从而去除氯仿中的氧气。在密闭容器中将铝锂合金与氯仿接触，一段时间后，即可完成脱氧过程。

经过脱水和脱氧处理后的氯仿，其水分和氧气含量得以有效降低，从而提高其纯度和稳定性。处理后的氯仿可用于有机合成和分析实验，确保实验结果的可靠性和准确性。需要注意的是，处理后的氯仿应储存在干燥、密封的容器中，避免与空气接触和长时间暴露在光线下，以保持其优良性能和质量。

## 三、N，N-二甲基甲酰胺（N，N-dimethylformamide，DMF）

DMF是一种常用的极性有机溶剂，被广泛应用于有机合成、催化反应和溶剂萃取等领域。由于其极性和良好的溶解性能，DMF可以溶解许多有机化合物和多种溶质。

然而，在储存和使用过程中，水分和杂质可能会影响DMF，从而影响其性能和稳定性。因此，在使用DMF之前，常需要进行精制处理，以确保其质量和纯度。

第一种常用的DMF精制方法是蒸馏。蒸馏可以有效去除DMF中的水分和其他挥发性杂质。在蒸馏过程中，将DMF置于适当的设备中，如精馏设备，加热至其沸点（约153 ℃），然后收集沸腾产物。通过蒸馏，可以得到去除了大部分水分和杂质的纯净DMF。

第二种常用的方法是使用干燥剂，如分子筛。分子筛是一种吸湿剂，能够吸附DMF中的水分和其他杂质。在DMF中加入适量的分子筛，让其与DMF接触一段时间，分子筛会吸附DMF中的水分和杂质，从而提高DMF的纯度。之后，可以通过过滤或离心等方法将分子筛从DMF中分离出来，得到精制后的DMF。

精制后的DMF具有较低的水分和杂质含量，其溶解能力和反应性能也得到了提高。在使用精制后的DMF时，应注意将其储存于干燥、密封的容器中，避免其与空气接触和长时间暴露在光线下，以保持其优良性能和质量。此外，为确保实验的准确性和可重复性，建议定期检测和验证DMF的纯度和质量。

## 四、二甲基亚砜（dimethyl sulfoxide，DMSO）

DMSO是一种具有较高极性的有机溶剂，常用于有机合成和催化反应中。然而，DMSO在储存和使用过程中容易受到水分和其他杂质的污染，因此需要对其进行精制处理，以确保其纯度和性能。

第一种常用的DMSO精制方法是蒸馏。蒸馏可以有效去除DMSO中的水分和其他挥发性杂质。在蒸馏过程中，将DMSO置于适当的设备中，如精馏设备，加热至其沸点（约189 ℃），然后收集沸腾产物。通过蒸馏，可以得到去除了大部分水分和杂质的纯净DMSO。

第二种常用的方法是使用干燥剂，如分子筛或钙化剂。这些干燥剂可以吸附DMSO中的水分和其他杂质，从而提高DMSO的纯度。在DMSO中加入适量干燥剂，让其与DMSO接触一段时间，干燥剂会吸附DMSO中的水分和杂质。之后，通过过滤或离心等方法，将干燥剂从DMSO中分离出来，得到精制后的DMSO。

精制后的DMSO具有较低的水分和杂质含量，其纯度和溶解能力也得到了提高。在使用精制后的DMSO时，应注意将其储存于干燥、密封的容器中，避免其与空气接触和长时间暴露在光线下，以保持其优良性能和质量。此外，为确保实验的准确性和可重复性，建议定期检测和验证DMSO的纯度和质量。

## 五、苯（benzene）

苯是一种常用的非极性有机溶剂，被广泛应用于有机合成和萃取操作中。它具有较低的极性和较高的溶解能力，可以溶解许多有机化合物，这使其成为众多实验和工业过程中的重要溶剂。

尽管苯本身相对稳定，但为了满足实验和应用的要求，苯的纯度也需要一定的精制处理。常用的苯精制方法是蒸馏。通过将原始苯样品放入精馏设备中，加热至其沸点（约80 ℃），然后收集沸腾产物，可以去除其中的杂质和不纯物质。这样可以得到纯净的苯样品，其纯度较高，适用于对纯度要求较高的实验和应用。

此外，苯也可以通过干燥剂进行精制。常用的干燥剂包括分子筛、磷酸和钙化剂等，这些干燥剂能够吸附苯中的水分和其他杂质，提高其纯度。将适量干燥剂加入苯样品中，充分搅拌或搅动一段时间，然后通过过滤或离心等方法将干燥剂从苯中分离出来，得到精制后的苯。

经过蒸馏和干燥剂处理后的苯具有较高的纯度，适用于各种实验和应用需求。在使用精制后的苯时，需要将其储存在干燥、密封的容器中，避免其与空气接触和暴露在光线下，以保持其纯度和稳定性。同时，为确保实验结果的准确性和可重复性，建议定期检测和验证苯的纯度和质量。

以上只是一些常用的有机溶剂的例子，不同的有机溶剂有不同的精制方法和要求。在实验中，应根据需要选择适当的有机溶剂，并进行必要的精制处理，以确保实验的准确性和可靠性。

# 第二章　常规有机化学实验基本操作技术

在进行有机化学实验时，掌握基本的实验操作技术是至关重要的。这些技术涵盖了实验室中常见的操作步骤和技巧，如加热、冷却、萃取、蒸馏、结晶等。熟练掌握这些基本操作技术能够确保实验的顺利进行，并获得准确可靠的结果。

## 第一节　加热与冷却

加热与冷却是有机化学实验中常见的基本操作技术，用于控制反应体系的温度。加热与冷却操作可以调节反应速率、促进反应进行、控制产物的选择性和提高反应效率。同时，适当的加热与冷却操作还能确保反应体系的稳定性和安全性。在有机化学实验中，正确地进行加热与冷却操作是实验成功的关键之一。下面将详细介绍加热与冷却的操作技巧、注意事项以及常用的加热与冷却设备。

### 一、加热技术

随着科技的不断进步，加热技术在许多领域中扮演着重要角色。无论是工业生产、食品加工、医疗保健，还是家庭生活，加热技术的应用范围广泛且多样化。通过利用热能的传导、辐射或对流，加热技术能够将物体或介质升温，实现温度的控制和调节。

#### （一）直接加热

直接加热是将热源直接接触反应容器或反应体系并使其受热的一种常见方式。这种加热方法被广泛应用于实验室、工业生产和家庭等多个领域，是一种快速、简便的加热手段。

其中一种常见的直接加热方法是使用明火。明火加热是最传统的方式之一，通过将反应容器或反应体系置于明火上方，利用火焰燃烧释放的热量直接加热物体。这种方法简单直接，适用于一些对温度要求不太严格的实验。

另一种常见的直接加热方法是使用加热板。加热板是一种具有加热元件和平坦表面的设备，通过控制加热元件的电流和温度，可以快速、均匀地加热反应容器或反应体系。加热板通常具有温度调节功能，可以根据需要精确控制加热温度，从而满足不同实验的要求。相比于明火加热，加热板的优势在于操作更为安全，温度控制更为准确。

无论是明火加热，还是加热板加热，直接加热方法都具有一些共同的优点。首先，它们具有快速加热的能力，使得反应可以迅速达到所需温度，加快实验进程或生产效率。其次，直接加热方法通常比间接加热方法更为简单和经济，不需要额外的加热设备或系统。此外，直接加热方法适用于多种反应容器和反应体系，包括固体、液体和气体等。

然而，直接加热方法也存在一些挑战和注意事项。首先，明火加热存在火灾和安全风险，因此实验者在使用时需要特别小心，并确保有适当的安全措施。其次，对于一些对温度控制要求较高的实验或工业应用，直接加热方法可能无法提供足够的温度稳定性和均匀性。在这种情况下，间接加热方法（如电加热、激光加热或微波加热等）可能更适合。

综上所述，直接加热方法是一种常见且实用的加热方式，通过明火或加热板将热能直接接触反应容器或反应体系，实现快速加热。然而，根据具体的实验需求，出于安全考虑，我们需要综合考虑，选择合适的加热方法，以确保实验或生产的顺利进行。

### （二）间接加热

通过介质传递热能给反应容器，以实现均匀加热的方法在实验室和工业生产中非常常见。其中包括油浴、水浴和加热夹套等技术。

油浴是一种将反应容器置于预先加热的热油中，通过油将热能传递给反应体系的方法。油浴适用于需要较高温度的实验，通过控制油的温度可以精确地控制反应体系的温度。油通常具有较高的热导率和热容量，可以快速传递热能并提供稳定的温度环境。油浴被广泛应用于有机合成、催化反应和高温实验等领域。

水浴是一种将反应容器放置于水中，通过水的稳定温度来实现加热的方法。水浴适用于需要较低温度的实验，例如生物学实验或某些有机反应。通过控制水浴的温度，可以实现对反应体系的精确控制。水浴相对于油浴而言，具有更高的安全性和更低的成本，因为水是一种可广泛获得的、环境友好的介质。

某些反应容器内部设有夹套，通过循环加热介质（如热油或蒸气）来实现反应体系的加热。这种加热夹套技术适用于较大规模的实验和工业生产。夹套中的加热介质可以在夹套与反应容器之间形成热传递界面，将热能均匀地传递给反应体系。通过控制加热介质的温度和流动速度，可以实现对反应体系的精确控制和均匀加热。

使用介质传递热能给反应容器的方法具有一些优点。首先，它们可以实现对反应体系的均匀加热，避免了局部温度梯度造成的不均匀反应。其次，通过控制介质的温度，可以实现对反应体系的精确控制，确保反应在所需的温度范围内进行。最后，使用介质传递热能的方法通常更安全可靠，降低了直接接触高温热源带来的风险。

然而，介质传递热能也存在一些需要考虑的因素。例如，选择合适的介质以及维护介质的稳定性和纯度是重要的。此外，在大规模工业生产中，需要考虑介质的能源消耗和循环系统的设计。

间接加热（如油浴、水浴和加热夹套）提供了一种均匀、精确控制温度的加热方式。根据实验需求和规模，选择适当的加热方法可以确保反应的成功进行和产品的质量控制。

## 二、冷却技术

随着科技的进步和工业的发展，冷却技术的应用范围广泛且多样化。无论是在电子设备、化工生产、医疗保健，还是在汽车工业，通过有效地移除热量，都能够保持设备和系统的稳定运行，提高效率并延长其寿命。

### （一）水浴

在化学实验中，控制反应体系的温度是非常重要的，因为温度可以影响反应速率、平衡常数以及产物选择性等方面。为了控制反应体系的温度，常用的冷却方法是水浴。

水浴是将反应容器放入预先加入水的容器中，通过水的稳定温度来实现冷却。水浴可以通过加热或冷却水来调节温度，从而控制反应体系的冷却速率。以下是水浴的工作原理和使用方法的详细解释。

**1. 工作原理**

水浴的工作原理是基于水的高比热容和热传导性。当反应容器放入水中时，水会吸收周围环境的热量，并将其传递给反应容器，从而降低反应容器的温度。通过控制水浴的温度，可以控制反应容器的冷却速率。

**2. 使用方法**

首先，选择一个适当大小的容器，容器应能容纳反应容器并留出足够的空间供水流动。其次，加入适量的水到容器中，使水的高度能够覆盖反应容器的大部分表面。最后，将反应容器放入水中，确保它稳定地浸没在水中，并且容器的密封性良好，以防止水进入反应体系。根据需要，可以加热或冷却水，使水的温度达到所需的目标温度。通过监测水的温度并调节加热或冷却源的功率，可以实现对水浴温度的精确控制。当水的温度达到目标温度后，反应容器就会在稳定的温度下进行冷却。

通过控制水浴的温度，可以控制反应体系的冷却速率。较高的水浴温度会加快反应容器中的冷却速率，而较低的水浴温度则会减慢冷却速率。温度控制的精确性取决于水浴设备的性能以及温度传感器的准确性。一些先进的水浴设备配备了温度控制器，可以实现更加精确、稳定的温度调节。

总结来说，通过使用水浴来控制反应体系的温度，可以实现冷却反应容器的目的。水浴的温度控制能力可以帮助研究人员在化学实验中精确控制反应速率和产物选择性，从而实现对反应过程的控制。

### （二）冷水循环装置

冷水循环装置是一种常用的实验室设备，用于降低反应体系的温度。它通过将冷水循环流过反应容器外部的冷却器或夹套来达到冷却效果。这种装置适用于需要较大冷却功率和较低温度的实验。

**1. 冷水循环装置的原理**

冷水循环装置通过循环系统将冷水引入冷却器或夹套中，然后将变热的水排出，以保持冷却介质温度的稳定。冷水可以通过冷水源（如水冷却机或冷水循环器）提供，经过冷却装置后，再回流到冷水源进行循环使用。通过这种方式，装置能够持续为反应容器提供冷却效果。

**2. 冷却器和夹套的选择**

冷却器和夹套是冷水循环装置中的关键部件。它们通常由导热性能较好的材料（如不锈钢或玻璃）制成。冷却器通常是一个独立的装置，与反应容器通过导热性能良好的管道连接。夹套直接与反应容器相连，它的外壁与反应容器内壁之间形成一个空间，冷水通过夹套流过这个空间进行冷却。

冷却器和夹套的选择取决于反应容器的类型和尺寸，以及实验的具体要求。对于较大的反应容器或需要较大冷却功率的实验，通常使用冷却器。夹套适用于较小的反应容器，由于与反应容器直接接触，它的冷却效果更加直接和高效。

冷水循环装置适用于需要较大冷却功率和较低温度的实验。冷却功率可以通过调节冷水循环器或水冷却机的功率来控制。较大的冷却功率可以更快地降低反应体系的温度，从而加快反应速率或控制反应的热效应。温度控制可以通过监测冷却介质的温度并相应调节冷水循环装置的工作参数来实现。先进的冷水循环装置通常配备了温度传感器和控制系统，可以实现精确、稳定的温度控制。

冷水循环装置在许多化学实验中被广泛应用。一些常见的应用包括：控制化学反应的温度，以优化反应速率、提高产物收率或选择性；降低实验室设备（如冷凝器、蒸发器等）的温度；在分离过程中，冷却溶剂以实现高效的萃取、结晶或沉淀；控制生物反应器（如细胞培养、酵素反应等）的温度。

冷水循环装置是一种常用的实验室设备，通过循环冷水来降低反应体系的温度。它适用于需要较大冷却功率和较低温度的实验，并可通过调节冷却器和夹套的设计和冷水循环器的功率来实现温度的精确控制。这种装置在化学和生物实验中发挥着重要作用，帮助研究人员实现对反应过程的控制和优化。

### （三）冰浴

在化学实验中，冰浴是一种常用的冷却方法，通过将反应容器放入含有冰块或冰水的容器中，利用冰的低温来达到冷却效果。冰浴适用于需要较低温度的实验，并且可以通过加入适量的冰块来控制冰浴的温度。

**1. 冰浴的原理**

冰浴的原理是基于冰在融化过程中吸收热量的特性。当反应容器放入含有冰块或冰水的容器中时，冰会吸收周围环境的热量，从而使冰融化。这个过程中吸收的热量来自反应容器和反应的热效应，使得反应容器的温度降低到冰的融点附近。

**2. 冰浴的使用方法**

首先，选择一个大小适当的容器，容器的大小应能容纳反应容器并留出足够的空间供冰块或冰水放置。其次，加入适量的冰块或冰水到容器中，使其能够覆盖反应容器的大部分表面。最后，将反应容器放入容器中，确保它稳定地浸没在冰块或冰水中。根据需要，可以加入适量的冰块来控制冰浴的温度。较多的冰块会使冰浴的温度持续降低，从而提供更强的冷却效果。

冰浴适用于需要较低温度的实验。通过加入适量的冰块或冰水，可以控制冰浴的温度。冰的融点约为0 ℃，因此冰浴通常能够提供低于室温的温度。然而，需要注意的是，冰浴的温度控制相对较为粗略，主要依赖冰的融化过程。在特定的温度要求下，可以通过调整加入冰块的数量来控制冰浴的温度。对于更高精度的温度控制，可以使用温度计和调节冰块数量来进行微调。

冰浴被广泛应用于许多化学实验中，特别是在需要低温条件下进行的实验。一些常见的应用包括：控制反应速率，特别是对于温度敏感的反应；控制化学平衡，通过降低温度来推动平衡朝着产物方向移动；控制某些反应的立体选择性，特别是涉及极性化合物的反应；保护热敏性试剂或产物，避免其在高温下分解或失活。

冰浴是一种常用的冷却方法，在化学实验中利用冰的低温来达到冷却效果。它适用于需要较低温度的实验，并且可以通过加入适量的冰块来控制冰浴的温度。冰浴在许多实验中发挥着重要作用，帮助研究人员实现对反应体系温度的控制，优化反应条件，并保护热敏性试剂或产物。

### （四）液氮

液氮是一种极低温的冷却剂，可在有特殊需要的实验中使用。将反应容器浸入液氮中，可以实现极低温度下的冷却。

#### 1. 液氮的特性

液氮是液态氮气，其沸点为-196 ℃（77 K）。相对于常温下的温度范围，液氮提供了极低的温度，因此可以用作冷却剂来降低反应体系的温度。液氮具有高比热容和高热传导性，能够快速吸收周围环境的热量。当反应容器浸入液氮中时，液氮会蒸发并吸收反应容器的热量，使容器的温度迅速降低到液氮的沸点附近。

#### 2. 液氮冷却的使用方法

使用液氮进行冷却通常需要采取一些特殊的安全措施。液氮在极低温下可能会对人体和材料造成严重的伤害，因此必须严格遵守安全操作规程。以下是一般的使用方法：使用适当的安全防护设备，例如绝缘手套、面罩、护目镜等；在具有良好通风的区域进行操作，以防止液氮蒸发产生的气体积聚；将液氮储存于特殊设计的容器中，例如绝热容器或液氮杯；将反应容器缓慢地浸入液氮中，以防止液氮溅出。

液氮冷却在某些特殊需要极低温度的实验中发挥着重要作用。以下是一些液氮的应用：第一，研究低温下的物理、化学性质，例如低温电子学、超导材料研究等；第二，冷冻样品，以保持其结构和活性，在生物学、生物化学、材料科学等领域中常用于冷冻保存生物样本、冷冻切片等；第三，控制某些反应的速率和选择性，特别是涉及高能反应、高温不稳定反应或高温下易发生副反应的反应；第四，制备超低温物质，例如制备超低温液体、冷冻制备纳米颗粒等。

液氮是一种极低温的冷却剂，可以在特殊需要的实验中使用。将反应容器浸入液氮中，可以达到极低温度下的冷却效果。然而，在使用液氮进行冷却时，必须遵循严格的安全操作规程，并采取适当的防护措施。液氮冷却在研究低温性质、冷冻样品、控制反应速率和制备超低温物质等方面具有广泛的应用。

在实验中，加热与冷却的操作需要注意以下事项：首先，遵循实验的温度要求和安全操作规程，确保加热与冷却过程的安全性。其次，选择适当的加热与冷却方法，根据实验的需要和反应体系的特性来确定。此外，控制加热与冷却速率，注意避免过热或过冷的情况，以免对实验结果产生负面影响。针对特定的实验和反应体系，可能需要采取额外的措施来确保加热与冷却的效果，如使用温控器或冷却器等设备。在加热与冷却过程中，始终保持实验区域整洁和安全，注意防止飞溅溶液、热源和冷却介质对人身安全和设备的损伤。定期检查、维护加热与冷却设备，确保其正常运行和安全使用。

加热与冷却技术在有机化学实验中起着重要作用，能够实现反应条件的控制和优化，从而获得所需的反应产物。正确掌握加热与冷却技术，并根据实验的要求和反应体系的特性进行操作，可以提高实验的成功率和可重复性。同时，注意安全操作和设备维护，确保实验过程安全、高效地进行。

## 第二节　干燥与气体吸收

干燥与气体吸收是化学实验和工业生产中常见的关键过程。无论是在实验室中制备样品，还是在工业中生产产品，控制水分含量和处理气体的能力都是至关重要的。干燥与气体吸收的过程和技术，因应用领域和需求的不同而各异。

### 一、干燥的基本操作技术

干燥是在化学实验和工业生产中常见的过程，用于去除固体、液体或气体中的水分。干燥的目的是确保产品的质量和稳定性。以下是干燥的基本操作技术的简要介绍。

#### （一）加热干燥

加热干燥是干燥过程中常用的基本操作技术之一。通过加热固体、液体或气体，可以加速水分的蒸发，从而达到干燥的效果。这种方法常用于固体材料或溶剂的干燥，可以通过使用烘箱、热板或旋转蒸发器等设备来进行加热干燥。

**1. 烘箱干燥**

烘箱是一种常见的设备，用于加热干燥固体材料。烘箱内部配备加热元件，如加热棒、加热器或加热器风扇，以提供热量。干燥物料通常以托盘或容器的形式放置在烘箱内，并进行适当的温度控制。在烘箱中，通过控制加热元件的功率和温度可以提供所需的热量，将固体材料中的水分加热至蒸发温度，并以气态的形式释放到烘箱的环境中。同时，烘箱通常具有良好的通风系统，以排除释放的水蒸气，以便持续保持干燥环境。

**2. 热板干燥**

热板是一种平面加热设备，用于加热和干燥液体样品。热板通常由加热元件和温度控制系统组成。液体样品可以放置在热板上的容器或试管中，并通过加热板提供的热量将水分加热至蒸发温度，并蒸发到周围环境中。热板通常具有温度控制功能，可以根据需要调节加热板的温度，以实现所需的干燥效果。此外，一些高级热板还配备搅拌功能，以加速水分的蒸发。

**3. 旋转蒸发器**

旋转蒸发器是一种常用的设备，用于加热和干燥液体样品。它由加热浴、旋转马达和蒸发瓶组成。液体样品放置在蒸发瓶中，并通过旋转马达的作用，使样品均匀地暴露在加热浴的高温环境中。加热浴中通常使用高沸点的有机溶剂，如水浴中使用的水或石油醚。加热浴通过加热将热量传递给蒸发瓶，使液体样品加热至蒸发温度，并将水分蒸发到加热浴中。旋转马达的作用使得样品在蒸发过程中能够均匀地暴露在高温环境中，加快干燥的速度。

加热干燥是一种常用的干燥技术，通过加热固体、液体或气体来加速水分的蒸发。烘箱、热板和旋转蒸发器等设备可以实现加热干燥。通过适当的温度控制和加热条件，可以将水分从固体材料或溶剂中有效地去除，达到所需的干燥效果。

### （二）真空干燥

真空干燥是一种常用的干燥技术，通过在低压环境下蒸发水分，更快速地将水分从样品中去除。真空干燥常用于对热敏性物质或需要快速干燥的样品进行处理。真空干燥设备通常包括真空烘箱或旋转蒸发器，并配备真空泵。

**1. 真空干燥的原理**

真空干燥通过降低环境压力来降低水分的沸点，从而在较低温度下促使水分直接从样品中蒸发。通过在真空环境中操作，可在较低的温度下将水分从样品中去除，从而避免热敏性物质的降解或样品的损失。

**2. 真空干燥设备**

真空干燥设备通常包括真空烘箱和旋转蒸发器。

真空烘箱是一种专门用来在真空条件下进行干燥的设备。它具有密封的烘箱室和真空系统。样品被放置在烘箱室中，并通过真空泵将烘箱室内空气抽取出来，形成低压环境。烘箱室内加热元件提供热量，使样品中的水分在低压条件下蒸发。同样，烘箱室内配备良好的通风系统，以便排出蒸发的水蒸气。

旋转蒸发器在真空环境下进行干燥的过程类似于常规的加热干燥，但旋转蒸发器通过在低压环境下旋转，提高了干燥效率。旋转蒸发器内有一个旋转马达，使样品容器均匀地暴露在低压环境中，并通过热浴加热来蒸发样品中的水分。真空泵用于在旋转蒸发器中维持低压环境。

**3. 真空干燥的应用**

真空干燥被广泛应用于多个领域，特别适用于以下情况：第一，热敏性物质。真空干燥避免了高温干燥的环境对热敏性物质的降解，使其能够在较低温度下快速干燥，以保持其质量和活性。第二，快速干燥。真空干燥通过在低压条件下蒸发水分，加速了干燥过程，使得对样品的处理更加迅速和高效。第三，质量保证。真空干燥具有更高的干燥质量和稳定性，确保样品中的水分完全去除。

真空干燥通过在低压环境下蒸发水分，更快地将水分从样品中去除。真空干燥设备，如真空烘箱和旋转蒸发器，结合了低压环境和热量提供，以实现有效的干燥。真空干燥适用于对热敏性物质或需要更快速干燥的样品进行处理。

### （三）吸附剂干燥

使用吸附剂进行干燥是一种常见的干燥技术，通过吸附剂吸附水分来降低环境中的湿度。吸附剂具有较强的吸湿能力，可以有效地从样品或环境中去除水分。下面将详细讨论吸附剂干燥的原理和操作方法。

**1. 吸附剂干燥的原理**

吸附剂是一种具有孔隙结构的材料，其孔隙可以吸附并保持水分子。当暴露在湿度较高的环境中时，吸附剂的孔隙会吸附水分子，从而降低环境中的湿度。这种吸附过程是基于吸附剂表面的物理作用或化学作用，例如吸附剂与水分子之间的静电作用、范德华力等。

**2. 吸附剂干燥的操作方法**

以下是使用吸附剂进行干燥的一般操作步骤。

（1）选择合适的吸附剂：根据实际需求和应用场景选择合适的吸附剂。常用的吸附剂包括硅胶、分子筛和活性炭等。不同的吸附剂具有不同的吸湿能力和适用范围。

（2）准备密封容器：将待干燥的样品和吸附剂放置在密封的容器中。确保容器具有良好的密封性，以防止外界湿气进入。

（3）平衡处理：将密封容器放置在环境中，让吸附剂与周围的湿气达到平衡。在这个过程中，吸附剂会吸收来自环境中的水分子，直到达到平衡状态。

（4）干燥处理：一旦平衡处理完成，将密封容器中的样品置于所需的干燥环境中。吸附剂会吸附样品中的水分，从而使样品逐渐变干。

（5）检查和更换吸附剂：定期检查吸附剂的吸湿情况。一旦吸附剂达到饱和状态，即不能再吸附更多水分，就需要更换或再生吸附剂。

**3. 应用场景**

吸附剂干燥被广泛应用于实验室、工业和日常生活中的多个领域。以下是一些常见的应用场景。

（1）实验室中的样品干燥：在化学实验室中，吸附剂干燥常用于去除样品中的水分，以保证实验的准确性和可重复性。

（2）电子行业中的湿敏元件保护：在电子行业中，潮湿环境会对电子元件产生负面影响。吸附剂干燥可以保护湿敏元件免受潮湿环境的损害。

（3）医药和食品行业中的干燥处理：在医药和食品行业中，吸附剂干燥被用于去除产品中的水分，以延长其保质期，保证其稳定性。

通过使用吸附剂吸附水分来降低环境中的湿度。选择合适的吸附剂，并将样品与吸附剂放置在密封的容器中，可以达到干燥的效果。吸附剂干燥被广泛应用于实验室、工业和日常生活中，用于样品干燥、电子元件保护和产品干燥处理等领域。

### （四）溶剂去除

对于溶液中的水分，可以使用蒸馏或萃取等技术来去除水分。蒸馏利用液体混合物中组分的沸点差异，将溶剂蒸发并重新凝结，从而去除水分。而萃取利用溶剂对水的亲和性，将水分从溶液中分离出来。

**1. 蒸馏**

蒸馏是一种利用液体混合物中组分的沸点差异进行分离的技术。当溶液中的水分需要去除时，可以利用水和其他组分之间的沸点差异来实现水分的蒸发和重新凝结，从而实现去除水分的目的。蒸馏过程通常包括以下三个步骤。

（1）加热：将溶液加热，使其中的水分开始蒸发。水分的沸点通常较低，因此在加热过程中，水分会优先蒸发。

（2）冷凝：将蒸气冷却，使其重新凝结为液体。通过冷却，水分被转化为液体状态，从而得到去除水分的产物。

（3）收集：将去除水分的液体收集起来，从而得到干燥的溶液或纯净的其他组分。

可以根据需要使用不同的蒸馏方式，例如常压蒸馏、真空蒸馏、分馏等，以适应不同的溶液和实验要求。

**2. 萃取**

萃取是一种利用溶剂对水的亲和性来将水分从溶液中分离出来的技术。在萃取过程中，选择一种亲水性较强的溶剂与溶液进行混合，使其与水分发生相互作用，从而将水分从溶液中分离出来。萃取过程通常包括以下四个步骤。

（1）选择溶剂：根据溶液中的组分和需要分离的水分，选择合适的亲水性溶剂。常用的溶剂包括乙醚、氯仿、醇类等，具体选择根据实际情况而定。

（2）混合和搅拌：将溶剂与溶液混合，并进行搅拌，使其充分接触。溶剂与水分发生相互作用，使水分从溶液中分离出来。

（3）静置：让混合溶液静置一段时间，使溶液中的水分和溶剂形成两个不同的液相。由于溶剂对水的亲和性，水分会在溶剂相中分离出来。

（4）分离：通过物理方法，例如离心、分液漏斗等，将两个液相分离，从而得到去除水分的溶液和干燥的溶剂。

萃取技术可以根据需要进行单次萃取或多次萃取，以增强分离效果。蒸馏和萃取是常用的去除溶液中水分的技术。蒸馏利用组分的沸点差异进行分离，而萃取则利用溶剂对水的亲和性进行分离。选择适当的技术取决于实际需求和样品性质。这两种技术在化学实验室、工业生产和许多其他领域中被广泛应用。

## 二、气体吸收的基本操作技术

气体吸收是一种常见的操作技术，用于将气体与液体或固体接触，并实现物质的传递和吸收。通过吸收过程，气体可以被溶解或吸附到液体或固体中，实现气体的分离、净化、储存或反应。下面将简要介绍气体吸收的基本操作技术，包括溶解吸收、吸附吸收、膜分离和固体床吸附等。

### （一）溶解吸收

溶解吸收是一种常用的气体吸收技术，通过将气体与溶剂接触，使气体在溶剂中溶解。这种技术常用于气体的吸收和去除，例如在二氧化碳吸收器中吸收氧气。

#### 1. 溶解吸收的原理

溶解吸收基于气体在溶剂中的溶解性差异。当气体与溶剂接触时，一些气体会与溶剂分子发生相互作用，从而溶解在溶剂中。这种相互作用既可以是物理吸附，也可以是化学反应。

在溶解吸收过程中，选择合适的溶剂非常重要。溶剂的选择应考虑气体的溶解度、选择性以及操作条件。一些常用的溶剂包括水、有机溶剂（如醇类、醚类、酮类）和离子液体等。

#### 2. 溶解吸收的操作过程

溶解吸收通常包括以下四个步骤。

（1）置于接触器：气体和溶剂在接触器中混合，以实现气体与溶剂的接触和相互作用。接触器可以是塔式装置、吸收柱或其他形式的反应器，其目的是提供足够的接触界面和时间。

（2）混合和搅拌：通过搅拌或其他混合手段，确保气体和溶剂充分混合，从而增强接触效果。混合可以增加气体和溶剂之间的接触面积，促进溶解和传质过程。

（3）溶解和吸收：在接触器中，气体与溶剂相互作用，气体溶解在溶剂中溶解程度取决于气体的溶解度和溶剂的选择性。吸收过程可发生在气体与溶剂界面的液膜上，或通过气体分子扩散到溶剂中。

（4）分离和收集：经过吸收后，收集溶液中的目标成分，将溶液分离出来。这可以通过过滤、沉淀、蒸发或其他分离技术来实现。

**3. 应用场景**

溶解吸收被广泛应用于各个领域，以下是一些常见的应用。

（1）空气净化和废气处理：溶解吸收可用于去除废气中的有害气体，例如二氧化碳、硫化物、氨气等。

（2）燃煤电厂烟气脱硫：溶解吸收被用于去除燃煤电厂排放的二氧化硫（$SO_2$），以减少大气污染。

（3）水处理：溶解吸收可用于水中有害气体的去除，例如水中的氯气、二氧化碳等。

溶解吸收是一种常用的气体吸收技术，通过将气体与溶剂接触，使气体溶解在溶剂中。该技术的操作包括接触器、混合和搅拌、溶解和吸收，最终通过分离和收集来获得目标溶液。溶解吸收被广泛应用于空气净化、废气处理、烟气脱硫和水处理等领域，以实现气体的去除和净化。

## （二）吸附吸收

吸附吸收是一种常用的气体处理技术，通过将气体与吸附剂接触，使气体分子被吸附在吸附剂表面。吸附剂是一种具有高度发达的表面积和某些化学特性的材料，常用的吸附剂包括活性炭、分子筛等。

**1. 吸附吸收的原理**

吸附剂具有大量孔隙和表面活性位点，可以吸附气体分子。当气体与吸附剂表面接触时，气体分子与吸附剂发生物理或化学吸附作用。这些作用可以是范德华力、静电相互作用、化学键等。吸附剂通过吸附作用有效地将气体分子捕获并固定在表面上。

**2. 吸附吸收的操作过程**

吸附吸收通常包括以下三个步骤。

（1）接触器：气体与吸附剂在接触器中进行接触。接触器可以是塔式装置、吸附床或其他形式的反应器，其目的是提供足够的接触面积和时间，使气体分子与吸附剂有效地发生吸附作用。

（2）吸附：在接触器中，气体分子与吸附剂相互作用，并被吸附剂表面捕获。吸附剂的孔隙和表面活性位点提供了足够的吸附容量和吸附能力。

（3）饱和与再生：随着吸附过程的进行，吸附剂表面逐渐饱和，无法再吸附更多的气体分子。此时，吸附剂需要进行再生或更换。再生通常包括提高温度、降低压力或使用其他方法，以释放吸附剂上吸附的气体分子，并恢复吸附剂的吸附能力。

**3. 应用场景**

吸附吸收技术在气体分离、催化剂回收和气体净化等方面得到广泛应用。

（1）气体分离：吸附吸收可用于将混合气体中的特定组分分离出来，如空气中氮气和氧气的分离。

（2）催化剂回收：在化学反应中，吸附吸收可以用于回收和再利用催化剂中的气体组分，以提高催化剂的利用率并降低成本。

（3）气体净化：吸附吸收技术可用于去除废气中的有害气体、挥发性有机物等，以净化空气和保护环境。

吸附吸收通过将气体与吸附剂接触，使气体分子被吸附在吸附剂表面。吸附剂具有高度发达的表面积和某些化学特性，如活性炭和分子筛。吸附吸收技术在气体分离、催化剂回收和气体净化等领域得到广泛应用。通过选择适当的吸附剂和操作条件，可以实现高效的气体吸附和去除。

### （三）膜分离

膜分离技术是一种基于膜材料的选择性吸收和分离气体的方法。通过使用特殊的膜材料，根据气体分子大小与亲和性的差异，可以实现对气体的选择性吸收和分离。膜分离技术被广泛应用于气体纯化、气体分离和气体回收等方面。

#### 1. 膜分离的原理

膜分离是基于膜材料的特殊性能而实现的。膜材料具有微孔或孔隙结构，可以使特定大小和性质的气体分子通过，而将其他气体分子阻隔在膜表面或孔隙中。这种选择通透性基于气体分子在膜材料中的传输速率与亲和性差异。

#### 2. 膜分离的操作过程

膜分离通常包括以下四个步骤。

（1）膜选择：选择合适的膜材料，具有适当的孔径与亲和性，以实现所需的气体选择性吸收和分离。

（2）膜模块设计：将膜材料组装成膜模块，以提供足够的表面积和通道，以便气体能够有效地与膜接触。

（3）气体进料：将待处理气体送入膜模块。气体分子通过膜的选择性而透过或被吸附，从而实现分离。

（4）分离和收集：根据气体分子的选择通透性，将所需的气体分离出来。分离后的气体可以收集和回收，而未通过膜的气体则继续流出。

#### 3. 应用场景

膜分离技术在多个领域得到广泛应用，以下是一些常见的应用。

（1）气体纯化：膜分离可用于去除气体中的杂质、污染物和有害成分，实现气体的纯化，如去除二氧化碳、硫化物等。

（2）气体分离：膜分离可用于将混合气体中的特定组分分离出来，如氧氮分离、氢气纯化等。

（3）气体回收：膜分离可用于从工业过程中回收和再利用有价值的气体组分，以减少资源浪费和环境污染。

膜分离技术具有许多优点，如操作简便、能耗低、适应性广泛等。然而，膜分离的效率和选择性受到膜材料性能的限制，因此需要根据具体的应用需求选择合适的膜材料和操作条件。

膜分离技术利用特殊的膜材料，根据气体分子大小与亲和性的差异，实现气体的选择性吸收和分离。该技术通过膜的选择通透性，将所需的气体分离出来。膜分离技术被广泛应用于气体纯化、气体分离和气体回收等领域，具有操作简便、能耗低和适应性广泛的优点。根据具体的应用需求，选择合适的膜材料和操作条件非常重要。

### （四）固体床吸附

固体床吸附是一种常用的气体分离和去除技术，通过将气体通过装有吸附剂的固体床层，利用吸附剂对气体的选择性吸附能力实现气体的分离和去除。这种技术被广泛应用于气体纯化和气体去除领域，如对氧气和水蒸气的去除。

**1. 固体床吸附的原理**

固体床吸附基于吸附剂对气体的选择性吸附能力。吸附剂通常是具有高度发达的表面积和特定孔隙结构的材料，如活性炭、分子筛等。当气体通过固体床层时，吸附剂对气体中的特定成分表现出较高的亲和力，而对其他成分的亲和力较低。这使得吸附剂能够选择性地吸附特定的气体成分，从而实现气体的分离和去除。

**2. 固体床吸附的操作过程**

固体床吸附通常包括以下四个步骤。

（1）吸附床设计：选择合适的吸附剂，设计适当的吸附床，提供足够的表面积和通道，以便气体能够充分接触，并与吸附剂发生作用。

（2）吸附：将待处理的气体通过吸附床，吸附剂对气体中的目标成分进行吸附。这些成分将在吸附剂表面或孔隙中被捕获，而其他成分则通过吸附床继续流出。

（3）饱和与再生：随着吸附过程的进行，吸附剂逐渐饱和，无法再吸附更多的目标成分。此时，吸附剂需要进行再生或更换。再生通常包括提高温度、降低压力或使用其他方法，以释放吸附剂上吸附的目标成分，并恢复吸附剂的吸附能力。

（4）分离和收集：根据吸附剂对不同气体成分的选择性吸附能力，将目标成分从气体中分离出来。分离后的气体可以进一步处理或进行收集和回收，而未被吸附的成分则继续流出。

**3. 应用场景**

固体床吸附技术在多个领域得到广泛应用，以下是一些常见的应用领域。

（1）气体纯化：固体床吸附可用于去除气体中的杂质、污染物和有害成分，实现气体的纯化，如去除氧气、水蒸气等。

（2）空气净化：固体床吸附技术可用于去除空气中的有害气体、挥发性有机物等，以提高室内空气质量。

（3）工业废气处理：固体床吸附可用于去除工业废气中的有害气体、挥发性有机物和异味物质，以保护环境和人体健康。

固体床吸附技术具有操作简单、广泛适用性和较高的选择性等优点，但需要定期更换吸附剂或进行再生操作。根据具体的气体成分和处理要求，选择合适的吸附剂和操作条件非常重要。

固体床吸附通过将气体通过装有吸附剂的固体床层，利用吸附剂对气体的选择性吸附能力实现气体的分离和去除。该技术被广泛应用于气体纯化、气体去除和废气处理等领域。

以上是干燥和气体吸收的基本操作技术。技术选择取决于样品的性质、所需的干燥程度或气体的吸收要求。在实践中，还需要根据具体情况和实验条件进行参数优化和操作控制，以达到理想的效果。

## 第三节　萃取与液液分离

萃取与液液分离是一种常见的分离和提取技术，通过将两种不相溶的液体相互接触，利用它们的相溶性差异和化学亲和性，将目标组分从一种液相中转移到另一种液相中。这种技术被广泛应用于化学、生物、制药等领域中的物质提取、纯化和分离过程中。下面将详细探讨萃取与液液分离的基本原理和操作过程。

### 一、选择溶剂

溶剂在萃取与液液分离中起着关键作用，它应能够溶解目标组分，并将其从原始液相中转移到溶剂相中。以下是一些关键点，展开论述了溶剂在这个过程中的作用。

#### （一）溶解度

溶剂的主要功能之一是溶解目标组分。不同的物质具有不同的溶解度，因此选择合适的溶剂可以确保目标组分能够有效地溶解在溶剂中。溶解度取决于目标组分的性质（极性、分子大小等）以及溶剂的性质（溶解能力、极性等）。了解目标组分的溶解度特性是选择合适溶剂的重要依据。

#### （二）选择性

溶剂应具有对目标组分的选择性，以便将目标组分与其他杂质分离开来。选择性取决于目标组分和溶剂之间的化学亲和性与相互作用。一些溶剂与特定类型的化合物有较高的亲和性，能够更有效地提取目标组分。这种选择性可以通过调整溶剂的性质、添加其他化合物或调整溶液的条件来实现。

#### （三）毒性和环境影响

在选择溶剂时，还应考虑其毒性和对环境的影响。一些有机溶剂可能对人体健康有害，或者会对环境造成负面影响。因此，选择具有较低毒性和较低环境影响的溶剂是很重要的。在实际应用中，有时会优先选择更环保和可再生的溶剂。

### （四）适应性

溶剂的适应性是指其在特定的操作条件下的性能表现。例如，在高温、高压或特定pH值下，溶剂的溶解能力和选择性可能会发生变化。因此，在选择溶剂时，需要考虑操作条件，并确保溶剂能够适应所需的处理过程。

在实际应用中，根据目标组分的特性和所需的分离效果，可以选择不同类型的溶剂。水是一种常见的溶剂，对许多物质都具有较好的溶解性和选择性。有机溶剂（如乙醇、醚类、酮类等）也被广泛应用，它们具有不同的溶解能力和化学特性。此外，离子液体等新型溶剂也在一些特定的应用中得到探索和应用。

选择合适的溶剂是萃取与液液分离过程中的重要环节。溶剂应具有足够的溶解能力，能够溶解目标组分，并将其从原始液相中转移到溶剂相中。溶剂的选择性、毒性和环境影响、适应性等因素也需要被综合考虑。正确选择溶剂有助于实现高效、选择性的分离和纯化过程。

## 二、接触与混合

在萃取与液液分离中，将含有目标组分的原始液相和选择的溶剂相加入同一个容器中，并进行充分的接触与混合是一个重要的操作步骤。混合可以促进两相之间的物质传递和相互作用，从而实现目标组分的转移和分离。

### （一）接触与混合的目的

接触与混合的目的是使原始液相和溶剂相充分接触，使两相中的目标组分发生物质传递和相互作用。在混合过程中，原始液相中的目标组分会逐渐溶解到溶剂相中，从而实现转移和分离。在此过程中，相互作用的时间和强度对于提取效果至关重要。

### （二）混合手段

混合可以通过多种方式进行，取决于操作规模和具体实验条件。以下是一些常用的混合手段。

**1. 轻轻摇动容器**

对于小规模的实验，可以轻轻摇动容器，使两相混合。这种方法适用于样品量较小的情况，可以通过手摇容器来实现混合。

**2. 搅拌**

对于较大规模的实验，可以使用搅拌器或磁力搅拌器来进行混合。搅拌器可以在容器中达到较强的搅拌效果，确保两相充分混合。

**3. 搅拌瓶或旋涡混合器**

搅拌瓶或旋涡混合器可以达到更强烈的混合效果，通过旋转容器或使用机械装置来实现更快和更好的混合。

不同的混合方法适用于不同规模和需求的实验。根据实验条件和要求，选择适当的混合手段非常重要。

### （三）混合时间和条件

混合时间和条件的选择也很关键。混合的时间应足够长，从而确保充分接触和物质传递。通常，根据目标组分的性质和溶剂的特性，可以进行预实验或依据经验来确定合适的混合时间。此外，还需要注意混合过程中的温度、压力和pH值等条件。这些条件可能会影响目标组分的溶解度和相互作用性质。因此，在混合过程中，需要控制这些条件，以最大限度地促进两相之间的物质传递和相互作用。

将含有目标组分的原始液相和选择的溶剂相加入同一个容器中，并进行充分接触与混合是萃取与液液分离中的重要步骤。通过轻轻摇动容器、搅拌或使用其他混合手段，可以促进两相之间的物质传递和相互作用。混合时间和条件的选择对于实现目标组分的转移和分离至关重要。根据实验规模和条件，选择适当的混合手段和控制条件，可以实现高效、选择性的分离和纯化过程。

## 三、相分离

在萃取与液液分离中，在接触与混合后，两相中的物质开始相互作用和分离。根据它们在不同相中的相溶性与亲和性差异，目标组分会从一相转移到另一相。接下来的分离步骤是将两相进行有效分离，以分离所需的相并收集目标组分。

### （一）静置

静置是一种简单的分离方法，其中混合后的两相在容器中静置一段时间，使它们自然分层。由于两相的密度和相互作用的差异，目标组分会沉淀或浮于上层。静置时间取决于液体的性质和目标组分的转移速率。在静置完成后，可以使用适当的工具（如移液器）将上层和下层相分离。

### （二）离心

离心是一种通过离心力促进相分离的分离方法。将混合后的两相置于离心机中，高速旋转，产生离心力使两相分离。由于离心力的作用，目标组分会向下沉积或向上浮起，从而实现分离。离心可以加快分离过程，特别适用于具有较小密度差异的相。

### （三）分液漏斗

分液漏斗是一种常用的分离工具，它利用液体的密度差异将两相分离。混合后的两相被加入分液漏斗中，并允许它们自然分层。打开分液漏斗的阀门，通过控制流速将上层或下层的相排出。分液漏斗的设计使得相的分离更加容易，可以有效地分离两相中的目标组分。

除了上述常见的分离方法，还可以使用其他技术（如蒸馏、使用萃取柱、薄层层析等）来实现分离，应根据实际需要选择。这些方法利用物质在不同相中的反应和传递行为，根据其物理和化学特性实现目标组分的分离和纯化。

## 四、收集与处理

分离后，收集包含目标组分的溶剂相。通过适当处理，如浓缩、蒸发、结晶等，可以得到目标物质的纯化产物。同时，对于原始液相中剩余的组分，可以根据需要进一步处理。

### （一）收集溶剂相

在分离过程中，通过静置、离心或分液漏斗等方法，将含有目标组分的溶剂相与其他相分离。收集溶剂相是为了获取其中的目标组分，即所需的纯化产物。通常，收集后的溶剂相可以通过直接收集或者进一步处理来获得纯化的目标物质。

### （二）处理溶剂相

对收集的溶剂相进行适当处理是获得纯化产物的关键步骤。具体处理方法取决于目标物质的性质和所需的纯化程度。

**1. 浓缩**

使用蒸发或减压等方法，将溶剂相中的溶剂去除或减少，使目标物质得到浓缩。浓缩可以使目标物质的浓度提高，便于后续纯化和分离。

**2. 蒸发**

通过加热或减压等手段，将溶剂相中的溶剂蒸发，留下目标物质。蒸发可以实现目标物质的分离和纯化，特别适用于具有较高沸点的溶剂。

**3. 结晶**

使用调节温度、浓度或添加沉淀剂等方法，使目标物质从溶剂相中结晶出来。结晶可以获得纯度较高的固体产物，适用于溶解度较低的物质。

**4. 使用萃取柱**

使用特定的固相材料填充柱子，将溶剂相通过柱子进行萃取。使用萃取柱，可根据目标物质的特性选择适当的固相材料，实现更精确和选择性的分离。

这些处理方法可以单独或组合使用。根据目标物质的特性和纯化需求选择适当的方法。

### （三）处理原始液相

除了处理溶剂相，原始液相中剩余的组分也需要根据需求做进一步处理。这些组分可能是不需要的杂质、废弃物或可以进行再利用的物质。处理的方法可以根据组分的性质和环境要求来确定，如化学处理、中和、固体分离、回收等。

在整个处理过程中，要注意操作的安全性和环境的保护。遵循适当的操作规程和废物处置准则，以确保处理过程的安全性和环境的可持续性。

萃取与液液分离后，收集包含目标组分的溶剂相，并通过适当的处理方法，如浓缩、蒸发、结晶等获得目标物质的纯化产物。对于原始液相中剩余的组分，可以根据需要做进一步处理。正确的处理方法和操作控制有助于高效获取纯化的目标物质，同时满足安全和环境保护的要求。

萃取与液液分离技术具有操作简单、成本较低的优点，可以实现对复杂混合物的分离和纯化。它在化学实验室、生物制药、环境保护等领域中得到了广泛应用。根据特定的应用需求和目标组分的特性，选择适当的溶剂和操作条件非常重要，这可以实现高效、选择性分离和纯化过程。

# 第四节 蒸馏与精馏

蒸馏与精馏是常用的分离技术，用于将液体混合物中的成分按照其沸点差异进行分离。这种技术基于液体混合物的蒸发和重新凝结原理，通过控制温度和压力来实现对不同成分的选择性蒸发和分离。蒸馏与精馏在化学、石油、食品、制药等领域被广泛应用。本节将详细探讨蒸馏与精馏的基本原理和操作过程。

## 一、蒸馏装置的选择

蒸馏过程中需要选择适当的蒸馏装置。常见的蒸馏装置包括简单蒸馏装置、分馏柱、回流蒸馏装置等。蒸馏装置的选择取决于混合物的复杂性、分离的要求以及操作规模。

### （一）简单蒸馏装置

简单蒸馏装置适用于较简单的混合物分离，其中液体混合物成分之间的沸点差异较大。它包括加热炉、冷凝器和收集瓶。混合物在加热情况下蒸发，蒸气通过冷凝器冷凝为液体，收集瓶用于收集分离的成分。简单蒸馏主要用于分离沸点不同的液体组分。

### （二）分馏柱

分馏柱是一种用于高效分离复杂混合物的装置。它通常由一种垂直的柱状结构组成，内部设有填充物或板块。填充物或板块有大量表面积，增加了混合物和蒸气之间的接触，促进了组分的分离。在分馏柱中，组分会根据其沸点差异被分离为不同层，更易于分离和收集。分馏柱可进一步细分为平板分馏柱、填充分馏柱等，具体的选择取决于分离要求和操作规模。

### （三）回流蒸馏装置

回流蒸馏装置是一种高效的分离装置，用于复杂混合物的分离和纯化。它结合了分馏柱和回流系统。回流蒸馏装置通过回流液的连续循环，使液体混合物中的组分在分馏柱中多次蒸发和凝结。这种连续的蒸发和凝结过程提高了分离效率和纯度。回流蒸馏常用于对高沸点混合物或需要高纯度产品的分离。

### （四）气液分馏装置

气液分馏装置适用于气体混合物的分离。它包括冷凝器和收集器，用于冷凝和收集分离出的气体组分。气液分馏装置可用于分离液体混合物中的气体成分，如气体溶解在液体中的情况。

蒸馏装置的选择取决于混合物的复杂性、分离要求以及操作规模。需要综合考虑分离效率、纯度要求、装置成本和操作难度等因素。在实际应用中，可以根据混合物的特性和分离目标选择最适合的蒸馏装置，并根据需要进行装置的优化和调整，以实现高效的分离和纯化过程。

## 二、加热源

在蒸馏过程中，加热源是必不可少的，它提供热量以将混合物加热至其成分的沸点。通过控制加热源的温度，可以精确控制蒸发和沸腾的发生，实现对混合物成分的分离。

### （一）加热源的作用

加热源的作用是提供足够的热量，使混合物中的成分达到其沸点并发生蒸发。不同成分具有不同沸点，因此加热源的温度应该能够使目标成分达到其沸点，而不使其他成分过早蒸发。通过对加热源的控制，根据沸点差异，可以实现目标成分的选择性蒸发和分离。

### （二）加热源的类型

常见的加热源包括加热炉和加热板。加热炉是一个容器，可以放置蒸馏设备，均匀加热。加热板是一个加热平面，可以放置蒸馏设备，并通过板状元件传导热量加热混合物。

### （三）加热源的温度控制

在蒸馏过程中，需要精确地控制加热源的温度。这可以通过调节加热源的功率、加热时间和加热区域来实现。通常，使用温度控制装置（如温度控制器）来监测和控制加热源的温度。

### （四）控制蒸发和沸腾

控制对于蒸发和沸腾的发生至关重要。在加热过程中，温度逐渐升高，混合物中某种成分在达到其沸点时，便开始蒸发。通过适当调节加热源的温度，可以控制蒸发和沸腾的速率，实现对混合物成分的选择性蒸发和分离。

### （五）过热和沸腾控制

在蒸馏过程中，需要避免过热和剧烈的沸腾。过热是指将液体加热到高于其饱和蒸气温度（液体在给定压力下开始沸腾的温度）的温度，而不发生沸腾的情况。通常情况下，液体在达到其饱和蒸气温度时，会开始剧烈沸腾，但如果继续加热液体，它可能会进一步升温而不发生沸腾。这时，液体处于过热状态。过热状态的液体在遇到某种触发条件（如固体颗粒或能量输入）时，可以迅速沸腾。沸腾控制是指在实验或工业过程中，对液体进行加热，以使其达到沸点，然后控制其维持在此温度范围内。这可以通过调整供热源的温度和强度来实现。控制沸腾的目的包括确保温度的稳定性以及防止过热或沸腾失控。在某些应用中，如化学反应或酿造过程中，沸腾控制对于确保反应条件的稳定性和可重复性非常重要。

## 三、冷凝器

蒸馏过程中产生的蒸气需要冷凝为液体，以便分离出目标成分。冷凝器通常是一个管道或装置，通过冷却介质（如冷水或液氮）使蒸气冷凝为液体。冷凝器的设计和效率对于分离效果有重要影响。

### （一）冷凝器的作用

冷凝器的主要作用是将蒸气中的热量转移给冷却介质，使蒸气冷却并转化为液体。通过冷凝，蒸气中的目标成分被分离出来，从而实现纯化和分离。冷凝器起到分离和回收目标成分的作用。

### （二）冷凝器的设计

冷凝器的设计是根据蒸气的性质和所需的冷凝效果来选择的。常见的冷凝器设计包括管壳式冷凝器和板式冷凝器。管壳式冷凝器包括一个管束和一个壳体，冷却介质通过管束与蒸气进行热交换。板式冷凝器由多个金属板组成，蒸气和冷却介质在板之间进行热交换。对于冷凝器的设计，要考虑蒸气流量、温度差、冷却介质的流量和温度等因素，以实现高效的冷凝效果。

### （三）冷凝器的效率

冷凝器的效率对于蒸馏过程的分离效果至关重要。高效的冷凝器可以提供充足的冷凝表面积和较高的热传递效率，将蒸气迅速冷却为液体。冷凝器的效率取决于冷凝介质的温度、流速和冷凝器的设计。较低的冷凝介质温度和较高的流速有助于提高冷凝效率。此外，冷凝器的设计要确保有足够的表面积和良好的传热性能，以实现高效的冷凝和目标成分的回收。

### （四）冷却介质的选择

冷凝器中的冷却介质可以是冷水、液氮、冷却液等。冷却介质的选择取决于所需的冷凝温度和流量。冷水是常用的冷却介质，但对于一些高温蒸馏或需要极低温度的应用，液氮或冷却液等更低温的冷却介质可能更合适。

冷凝器在蒸馏过程中起到将蒸气冷凝为液体的关键作用。冷凝器的设计和效率对于分离效果至关重要。合理选择冷凝器的设计、冷却介质的流量和温度，可以实现高效的冷凝和目标成分的分离和回收。这对于蒸馏过程中的纯化和分离具有重要的影响。

## 四、分馏柱

在精馏中，分馏柱是一个关键组件。分馏柱具有多个可分离的层，通常是填充物或板块。这些层提供了较大的接触面积，促进了混合物的分离和蒸气-液体相互作用。分馏柱通过分馏塔顶部进入的混合物和底部排出的馏分实现组分的分离。

### （一）多层分离

分馏柱中的多个层提供了较大的接触面积，促进了混合物的分离和蒸气-液体相互作用。这些层通常由填充物（如金属、陶瓷或塑料颗粒）或板块（如金属板块）组成。它们可以提供多个相互接触的表面，促使混合物成分在蒸馏过程中进行传质和传热。

### （二）分馏塔顶部的进料

混合物通过分馏塔顶部进料口进入分馏柱。这里的混合物通常是蒸气或液体蒸发产生的蒸气-液体混合物。进料在分馏柱中逐渐下降，并与填充物或板块相互作用。

### （三）蒸气-液体相互作用

在分馏柱中，蒸气和液体之间发生相互作用。蒸气通过填充物或板块之间的孔隙或板间隙与液体进行接触和传质。这种相互作用促进了混合物中不同成分的分离。轻组分倾向于向上蒸发和上升，重组分倾向于向下流动和下降。

### （四）馏分的收集

分馏柱底部有一个收集装置，用于收集分馏柱中分离出的不同组分。由于不同成分的沸点差异，它们在分馏柱中的不同层中逐渐分离和集中。通过控制底部收集装置的流量和温度，可以收集和分离不同的馏分。

### （五）控制温度和压力梯度

在分馏柱中，温度和压力梯度是实现分离的关键。通常，分馏塔顶部较低的温度和较高的压力有助于液体的凝结和分离，而底部较高的温度和较低的压力有助于蒸气的生成和上升。通过控制加热源和冷凝器的温度，以及分馏塔顶部和底部的压力，可以优化分馏柱的操作条件，实现更好的分离效果。

分馏柱作为精馏过程中的关键组件，提供了多个可分离的层，促进了混合物的分离和蒸气-液体相互作用。通过控制温度和压力梯度，以及适当的进料和收集装置，可以实现对混合物成分的选择性分离和纯化。选择合适的填充物或板块，并根据混合物的性质和分离要求进行调整和优化，可以提升分馏柱的效率和分离效果。

## 五、控制温度和压力

在蒸馏和精馏过程中，对温度和压力的控制是关键。通过控制加热源的温度和冷凝器的冷却效率，可以控制液体的蒸发和重新凝结。同时，调节分馏柱中的温度和压力梯度，可以实现对不同成分的选择性分离。

### （一）控制加热源的温度

在蒸馏与精馏过程中，加热源的温度对液体的蒸发和重新凝结起着关键作用。控制加热源的温度，可以获得足够的热量，使混合物中的成分达到其沸点并蒸发。合适的加热温度应使目标成分蒸发，而不使其他成分过早蒸发。通过调节加热源的功率、加热时间和加热区域，可以控制加热源的温度。

### （二）控制冷凝器的冷却效率

冷凝器的冷却效率对于液体的重新凝结至关重要。冷凝器通过冷却介质（如冷水或液氮）使蒸气冷却，并将其转化为液体。冷凝器的冷却效率取决于冷却介质的温度和流速。较低的冷却介质温度和较高的流速有助于提高冷凝效率。通过调节冷却介质的温度和流量，可以控制冷凝器的冷却效率。

### （三）分馏柱中的温度和压力梯度

在蒸馏与精馏过程中，分馏柱中的温度和压力梯度是实现对不同成分的选择性分离的关键。在通常情况下，分馏塔顶部较低的温度和较高的压力有助于液体的凝结和分离，而底部较高的温度和较低的压力有助于蒸气的生成和上升。通过控制加热源和冷凝器的温度，以及调节分馏塔顶部和底部的压力，可以实现温度和压力梯度的控制。这种控制使得不同成分能够在分馏柱中逐渐分离和集中，从而实现分离和纯化。

温度和压力的控制是蒸馏与精馏过程中实现分离和纯化的关键。通过控制加热源的温度和冷凝器的冷却效率，可以控制液体的蒸发和重新凝结。同时，通过调节分馏柱中的温度和压力梯度，可以实现对不同成分的选择性分离。准确的温度和压力控制能够提升蒸馏与精馏过程的效率和分离效果，确保获得高纯度的产品。

## 六、收集馏分

在蒸馏与精馏过程中，不同沸点的成分会分别蒸发和冷凝，形成不同的馏分。这些馏分可以通过收集装置（如接收瓶）进行收集和分离。根据需求，收集到的馏分可以进一步处理或纯化。

### （一）馏分收集

在蒸馏和精馏过程中，通过调节温度和压力，不同沸点的成分会逐渐分离和转化为蒸气，然后冷凝为液体。这些不同沸点的馏分，可以通过收集装置进行收集。常见的收集装置是接收瓶，它可以收集液体馏分并防止馏分的混合。

### （二）分离和处理

收集到的馏分可以根据需要做进一步处理或纯化。这取决于所需的目标物质以及馏分的纯度。下面是一些常见的处理和纯化方法。

**1. 蒸发和浓缩**

对于需要浓缩的馏分，可以通过蒸发和浓缩技术将液体中的溶剂或溶质去除，从而获得更高浓度的目标物质。

**2. 结晶**

如果需要纯化固体馏分，可以使用结晶技术。通过控制温度和溶液中溶质的浓度，可以使目标物质结晶并与杂质分离。

**3. 蒸馏与精馏**

在某些情况下，收集到的馏分可能仍然包含多个组分，需要进一步蒸馏或精馏，以分离目标物质。

**4. 化学反应**

有时，馏分可能需要继续进行化学反应，以转化成所需的产物。

**5. 分析与检测**

收集到的馏分可以进行分析和检测，以确定其组成和纯度。常用的分析方法包括色谱法、质谱法、红外光谱法等。

根据具体应用和需求，对收集到的馏分做进一步处理和纯化可以获得所需的纯度和产物。不同的处理方法和技术可以用于处理不同的馏分，以满足特定的应用要求。

## 七、连续蒸馏

对于复杂的混合物，连续蒸馏是一种常见的操作技术。连续蒸馏利用多级分馏柱和回流系统，实现对混合物的连续分离。这种技术可以提高分离效率和产品纯度。

### （一）多级分馏柱

连续蒸馏使用多级分馏柱，其中每个级别都包含了一个或多个分馏塔。每个分馏塔都有自己的温度和压力梯度，以促进混合物成分的分离。多级分馏柱可以实现多个分离步骤，逐渐将混合物中的不同组分分离开来。

### （二）回流系统

连续蒸馏中的一个关键组件是回流系统。回流系统将一部分液体从较高级别的分馏塔送回较低级别的分馏塔。这样做可以实现对混合物中组分的多次蒸发和冷凝，提高分离效率。回流液的返回使得分馏塔中有更多的液体，促进了液体和蒸气之间的传质和传热。

### （三）温度和压力控制

在连续蒸馏中，对温度和压力的控制非常重要。通过调节不同级别分馏塔的加热源和冷凝器，可以实现温度和压力的逐渐变化，以便在不同级别中分离目标组分。通过控制温度和压力梯度，可以控制不同沸点的成分的蒸发和冷凝，实现分离和纯化。

### （四）产品收集

在连续蒸馏过程中，收集到的不同馏分可以通过收集装置进行分离和收集。根据需求，这些馏分可以进一步处理或纯化，以获得所需的产物。

连续蒸馏技术具有多级分馏柱和回流系统，能够处理复杂的混合物，并实现连续分离过程。通过适当的温度和压力控制，连续蒸馏可以提高分离效率和产品纯度。该技术在石油化工、化学工程和精细化工等领域中得到广泛应用，能够处理大量混合物并获得高纯度的产品。

蒸馏与精馏技术在分离和纯化过程中具有重要应用。根据混合物的特性和分离需求，选择合适的蒸馏装置和操作条件，控制温度和压力，以实现高效、选择性分离。准确的操作和仪器控制可以提高分离效率和产物纯度，同时确保实验的安全性和可靠性。

# 第五节 重结晶、过滤与升华

重结晶、过滤与升华是常用的分离和纯化技术，用于从混合物中分离出纯净的固体物质。重结晶可以通过溶解和结晶过程来纯化固体物质。过滤用于将固体与液体或气体分离。升华是将固体直接从固态转化为气态，绕过液态阶段进行分离和纯化。

以下是对重结晶、过滤与升华的基本操作技术的详细论述。

## 一、重结晶

重结晶是一种通过溶解和结晶的过程来纯化固体物质的技术。以下是基本操作步骤。

### （一）溶解

将待纯化的固体物质加入适当的溶剂中，并加热搅拌，使其完全溶解，是重结晶过程中的关键步骤。

**1. 选择适当的溶剂**

选择合适的溶剂对于成功的重结晶过程至关重要。溶剂应能够溶解待纯化的固体物质，在加热过程中保持稳定性和可溶性。选择溶剂时，需要考虑溶剂的极性、沸点、挥发性、毒性以及与固体物质的相互作用等因素。通常，可以进行一些溶解性试验或阅读参考文献来确定合适的溶剂。

**2. 加热和搅拌**

将待纯化的固体物质加入选择的溶剂中，并通过加热和搅拌促进其溶解。在一般情况下，加热有助于增强溶剂的溶解能力，提高固体物质的溶解速率。适当的加热温度取决于固体物质的性质和溶剂的特性。加热温度应高于溶剂的沸点，但低于固体物质的熔点，以避免固体物质的熔化。搅拌可以帮助固体物质更均匀地分散在溶剂中，并促进固体颗粒与溶剂分子之间的相互作用，加快溶解速度。

### 3. 完全溶解

适当的加热和搅拌使固体物质完全溶解于溶剂中。这可以通过观察溶液的透明度和澄清度来判断。当固体物质完全溶解时，溶液应该是透明的，没有可见的悬浮物或颗粒。完全溶解通常需要一定的时间，这取决于固体物质的溶解度、温度和搅拌速度等因素。

在重结晶过程中，将待纯化的固体物质加入适当的溶剂中，并加热搅拌，使其完全溶解，是为了将固体物质转化为液态，使其在溶液中以分子或离子形式存在。这是进行后续结晶过程的基础。通过选择正确溶剂和适当加热和搅拌，可以实现固体物质的完全溶解，为纯化提供均匀和稳定的溶液。

## （二）结晶

降低溶液温度或加入沉淀剂，可使溶质重新结晶，形成晶体。结晶的速率和效果可以通过控制冷却速率、搅拌和核心生长条件进行调节。

### 1. 降低溶液温度

降低溶液温度可以使溶液中的溶质过饱和度增加，从而促使溶质从溶液中析出并重新结晶形成晶体。降温的速率和最终的温度将直接影响结晶的速率和晶体的质量。通常，慢速的降温可以产生较大且较纯的晶体，而较快的降温可能导致较小的晶体和杂质的存在。控制降温速率可以通过调节冷却介质的温度和搅拌速度来实现。

### 2. 加入沉淀剂

沉淀剂是一种辅助剂，用于促进溶质的结晶。沉淀剂可以提供结晶的起始核心，吸引溶质分子围绕其进行结晶。加入适量的沉淀剂，可以控制晶体的尺寸、形状和纯度。常见的沉淀剂包括溶剂中的杂质、可溶性盐或高沸点溶剂。

### 3. 控制冷却速率

冷却速率对结晶的速率和晶体的质量有重要影响。较慢的冷却速率有助于晶体的尺寸增大和纯化，而较快的冷却速率可能导致晶体尺寸小且不够纯净。控制冷却速率可以通过调节冷却介质的温度、搅拌速度以及使用绝缘材料来实现。这样可以减缓溶液中热量的损失，使结晶过程更加有序。

### 4. 调节搅拌和核心生长条件

搅拌对结晶的速率和晶体的质量也有影响。适量的搅拌可以帮助溶质分子均匀地附着在结晶核心上，促进晶体的生长。过强或过弱的搅拌可能会导致晶体的尺寸不均匀或晶体杂质的引入。此外，控制结晶核心的数量和大小也是影响结晶效果的因素。

通过控制冷却速率、搅拌和核心生长条件，可以调节结晶的速率和效果。这些参数的选择取决于溶质的特性、溶剂的性质和所需晶体的要求。通过合理操作和优化条件，可以获得高质量和高纯净度的结晶产物。

## （三）分离

在重结晶过程中，通过过滤或离心的操作将形成的晶体从溶液中分离出来是非常重要的。

**1. 过滤操作**

过滤是一种常用的分离技术，用于将固体颗粒从液体中分离出来。过滤操作可以通过以下步骤进行：选择合适的过滤器或滤纸，并将其放置在适当的过滤设备（如漏斗或过滤器）中。将含有晶体的溶液缓慢倒入过滤装置中，让溶液通过过滤介质。溶液通过过滤器时，液体部分（过滤液）会通过滤纸或过滤器孔隙，而固体部分（晶体）则会被滞留在过滤介质上。将滞留在过滤介质上的晶体收集起来，通常通过洗涤来去除残余的溶液或杂质。最后，将收集到的晶体在适当的条件下进行干燥，以去除残留的溶剂，并得到纯净的晶体产物。

**2. 离心操作**

离心是一种利用离心机的离心力将固体颗粒从液体中分离出来的操作。离心操作可以通过以下步骤进行：准备离心管，将含有晶体的溶液倒入离心管中，注意不要超过离心管的容量限制。设置离心机，将装有溶液的离心管放入离心机中，确保平衡。启动离心机，以较高的转速旋转离心管。离心力的作用会使固体颗粒沉积到离心管底部形成沉淀，而液体则位于上层。停止离心后，将离心管取出，液体部分可以轻松倒出或者使用吸管吸取。将沉淀部分中的晶体收集起来，可以使用吸水纸或者洗涤来去除残余液体或杂质。最后，将收集到的晶体在适当的条件下进行干燥，以去除残留的溶剂，并得到纯净的晶体产物。

过滤和离心是将晶体从溶液中分离出来的常用操作技术。根据具体的实验需求和物质特性，选择适当的分离方法，能够高效地分离出纯净的晶体产物。

## （四）洗涤

在重结晶过程中，洗涤晶体是为了去除残留的杂质和溶剂，以获得更纯净的晶体产物。以下是对洗涤晶体的详细论述。

**1. 选择适当的洗涤溶剂**

选择适当的洗涤溶剂非常重要，它应该是与晶体相溶的，并且能够有效地去除残留的杂质和溶剂。在通常情况下，使用与溶剂相似的溶剂或者非极性溶剂进行洗涤是常见的选择。同时，需要确保所选择的洗涤溶剂不会溶解晶体。

**2. 洗涤过程**

洗涤晶体的过程通常涉及以下步骤：准备洗涤溶剂，将适当的洗涤溶剂准备好，并确保其纯度和温度适当。加入洗涤溶剂，将洗涤溶剂缓慢地加入含有晶体的容器或过滤装置中。确保溶剂覆盖晶体完全，并足够洗涤。轻轻搅拌或震荡容器，使洗涤溶剂与晶体充分接触。这有助于溶解残留的杂质，并将其从晶体表面洗出。通过过滤或离心操作将洗涤溶液与晶体分离。可以使用过滤纸、滤膜或离心机等设备进行分离。如果要更彻底地洗涤，可以重复上述洗涤步骤多次，以确保晶体的纯净度。

通过适当的洗涤步骤，可以去除晶体表面的残留杂质和溶剂，从而获得更纯净的晶体产物。在洗涤过程中，需要选择适当的洗涤溶剂，进行适当的搅拌或震荡，并确保充分分离和干燥，以最大限度地提高晶体的纯净度。

### （五）干燥

在重结晶过程中，将洗涤后的晶体进行适当的干燥是非常重要的，这可以去除残留的溶剂和水分，最终获得纯净的固体产物。

**1. 自然风干**

将洗涤后的晶体以均匀薄层的形式分布在干燥器具（如玻璃片、烧杯等）上，放置在通风良好的室温环境下进行自然风干。在此过程中，空气中的温度和湿度会逐渐使晶体失去残留的溶剂或水分。这种方法适用于对环境条件不敏感和干燥相对较快的晶体。

**2. 加热干燥**

使用加热设备（如烘箱或加热板）对洗涤后的晶体进行加热干燥。适当加热可以促进溶剂或水分挥发，并加快干燥过程。但需要注意，加热温度应低于晶体的熔点或分解温度，以避免晶体被破坏或降解。加热干燥还可以根据需要调节干燥时间和温度，以确保溶剂彻底去除和晶体彻底干燥。

**3. 真空干燥**

在真空条件下进行干燥是一种常见的干燥方法，特别适用于热敏性物质或对有机溶剂敏感的晶体。真空干燥利用减压环境下的低压和低温，将溶剂或水分以气态形式蒸发并抽出。通过减少环境中的气压，降低溶剂或水分的沸点，从而减少对热敏性物质和易氧化物质的影响。

**4. 气体吹扫**

气体吹扫是指将干燥且性质稳定的气体（如氮气）通过洗涤后的晶体，将残留的溶剂或水分吹走。这种方法通常结合加热来提高挥发速率。气体吹扫可以有效地去除残留的溶剂，特别适用于吸湿性较强的晶体。

在进行干燥过程时，需要根据晶体的性质、溶剂的特性和实验需求，选择适当的干燥方法。无论是自然风干、加热干燥、真空干燥还是气体吹扫，都应注意避免过高的温度、过长的干燥时间或其他可能对晶体产物造成损害的条件。通过适当的干燥操作，可以得到纯净的固体产物，用于进一步分析、储存或使用。

## 二、过滤

过滤是一种用于将固体与液体或气体分离的技术。其基本操作步骤如下。

### （一）选择合适的过滤介质

在过滤过程中，选择适当的过滤介质是非常重要的，不同的过滤介质具有不同的特性和应用范围。以下是对常见过滤介质的详细论述。

**1. 滤纸**

滤纸是最常见的过滤介质之一。它由纤维素或合成纤维制成，具有不同的孔径和过滤速度。滤纸通常以滤纸圆形片的形式出现，可以根据需要选择不同精度和厚度的滤纸。较粗的滤纸适用于粗滤和快速过滤，而较细的滤纸适用于精密过滤。滤纸被广泛应用于实验室、化工、制药等领域。

**2. 滤膜**

滤膜是一种薄膜状的过滤介质，由聚合物或陶瓷等材料制成。滤膜具有精确的孔径和过滤效率，可用于精密过滤和微量物质的分离。滤膜通常以卷筒或片状的形式出现，可以根据需要选择不同材料、孔径和厚度的滤膜。滤膜被广泛应用于生物医学、食品和饮料等领域。

**3. 滤板**

滤板是一种多孔的过滤介质，由金属、陶瓷或塑料等材料制成。它具有较大的表面积和较高的通量，适用于大量样品的过滤。滤板常见的形式包括网状结构、多层平板或圆盘状。滤板被广泛应用于化工、环保、生物工程等领域。

**4. 其他过滤介质**

除了滤纸、滤膜和滤板，还有其他类型的过滤介质（如滤筒、滤袋、滤棉等）可供选择。它们根据特定的过滤需求和应用场景而设计，具有不同的孔径、材料和形状。

选择适当的过滤介质需要考虑多个因素，包括所需的过滤精度、过滤速度、化学耐受性、操作便捷性和经济性等。根据样品的性质、目标物质的大小和颗粒性质，以及实验的要求，可以选择合适的过滤介质。此外，还应注意选择符合标准和质量要求的，由可靠供应商提供的过滤介质，以确保实验和工业过程的准确性和稳定性。

### （二）设置过滤装置

在过滤过程中，将选择适当的过滤介质放置在合适的过滤装置中是非常重要的，这可以确保分离和收集固体颗粒的有效。

**1. 漏斗**

漏斗是最常见的过滤装置之一，通常由玻璃或塑料制成。漏斗的锥形设计使得过滤介质可以放置在漏斗颈部，并通过漏斗底部的小孔将滤液收集到容器中。漏斗过滤适用于小批量的过滤操作，如实验室中的常规过滤。

**2. 过滤器**

过滤器是一种专门设计并用于进行大规模或连续的过滤操作的设备。过滤器通常由过滤介质支架、过滤介质和收集容器等组成。过滤介质被放置在过滤器的合适位置，通过施加压力或重力使液体通过过滤介质，将固体颗粒捕获在过滤介质上，而滤液则流入收集容器中。过滤器适用于工业生产、制药和环境领域中的过滤过程。

**3. 离心机**

离心过滤利用离心机的离心力将固体颗粒从液体中分离出来。离心过滤一般使用旋转式过滤设备，其中过滤介质被放置在离心机的转盘或者离心管内。当离心机旋转时，固体颗粒被迅速沉积在过滤介质上，而滤液则被排出。离心过滤适用于需要高效分离和快速过滤的情况，特别适用于微生物培养液、细胞悬液等的分离。

**4. 其他过滤装置**

除了漏斗、过滤器和离心机，还有其他类型的过滤装置（如旋转蒸发器中的漏斗、压滤机、薄膜过滤器等）可供选择。这些装置根据具体的过滤需求和实验条件而设计，并提供更高效的过滤操作。

在选择过滤装置时，应根据实验需求、样品性质和操作要求进行选择。同时，确保过滤装置和过滤介质之间的兼容性，并遵循正确的操作步骤和安全规范，以确保过滤过程的有效性和结果的准确性。

### （三）准备混合物

在过滤操作中，将待过滤的混合物倒入过滤装置是实现固液分离的关键步骤。

**1. 准备过滤装置**

在进行过滤之前，要确保过滤装置是干净的，并根据需要安装适当的过滤介质。对于漏斗过滤，要将滤纸或滤膜等过滤介质正确地放置在漏斗的颈部。对于过滤器或离心机，要根据设备设计将过滤介质放置在合适的位置。

**2. 倒入待过滤混合物**

小心地将待过滤的混合物缓慢地倒入过滤装置。倒入速度应适中，以避免混合物的溅出或过滤介质的堵塞。对于漏斗过滤，倾斜漏斗以确保混合物顺利通过过滤介质。对于过滤器，根据设备要求，调整流速，以使混合物均匀通过过滤介质。对于离心过滤，将混合物倒入离心管或离心机的转盘。

**3. 控制过滤速度**

根据需要和实验要求，可以通过调节操作条件来控制过滤速度。对过滤速度的控制可以通过调整倒入速度、过滤介质的孔径或压力来实现。慢速过滤通常用于较慢的过滤过程，以便更好地分离固体和液体。快速过滤适用于需要高效分离和大批量过滤的情况。

**4. 收集过滤产物**

通过过滤介质，固体颗粒将被捕获而液体（滤液）将通过过滤装置进入收集容器中。确保收集容器干净，并根据需要选择适当的收集方法。对于漏斗，使用收集瓶等容器来收集滤液。对于过滤器或离心机，根据设备设计使用相应的收集器或收集系统。

在进行过滤操作时，要小心操作，确保过滤装置和容器的稳定，并避免溅出或泄漏。根据实验的需要，可以调整过滤速度和操作条件，以获得理想的分离效果。完成过滤后，根据实验要求，对过滤产物做进一步处理或分析。

### （四）分离固液或固气

在过滤过程中，重力、压力或离心力是常用的力学手段，用于驱动液体或气体通过过滤介质，同时将固体颗粒滤除。

**1. 重力过滤**

重力过滤是一种基于重力作用的过滤方法，其中液体或气体通过过滤介质，而固体颗粒被滤除。在重力过滤中，混合物通过自然重力的作用而流过过滤介质。重力过滤常用于实验室的简单过滤操作或小规模工业过程，其中过滤装置通常是竖直放置的漏斗或过滤器。

**2. 压力过滤**

压力过滤利用外部压力或差力压的作用，使液体或气体通过过滤介质，将固体颗粒滤除。压力过滤通常需要一个额外的力来提供压力，以推动混合物通过过滤介质。这种方法适用于需要快速过滤或高效过滤的情况，如工业过程中的大规模过滤。

**3. 离心过滤**

离心过滤利用离心力的作用，将液体或气体通过过滤介质，而固体颗粒被滤除。离心过滤通常使用离心机进行操作，离心机产生的离心力将固体颗粒从液体或气体中分离。离心过滤适用于需要高效分离和快速过滤的情况，尤其适用于微生物培养液、悬浮液等液体的分离。

在选择适当的过滤方式时，需要根据实验要求、样品性质和操作条件进行评估。重力过滤适用于简单过滤操作和小规模实验，压力过滤适用于大规模工业过程和要求高效过滤的情况，离心过滤适用于需要快速、高效分离的液体。根据具体需求选择合适的过滤方法，并确保在操作过程中遵守正确的操作步骤和安全规范，以确保过滤效果和实验结果的准确性。

### （五）收集液体或气体

在过滤过程中，通过过滤介质的液体或气体可以被收集，以得到纯净的产物。

**1. 收集容器的选择**

在过滤过程中，应选择合适的容器来收集通过过滤介质的液体或气体。根据操作规模和液体或气体的量，可以选择适当大小的容器，如玻璃瓶、烧瓶或收集瓶。同时要确保所选容器是干净的，并具有足够的容量来容纳预期的收集产物。

**2. 收集方法**

根据过滤装置的设计和操作要求，收集液体或气体可以采用不同的方法。

（1）对于漏斗：使用合适的收集瓶，将漏斗底部的液体滤液直接收集到容器中。可以通过控制液体的流动速度和倾斜漏斗的角度来控制滤液的收集。

（2）对于过滤器：根据过滤器的设计，收集装置通常与过滤器结构相连接，使滤液流入预先准备的容器中。同时要确保连接紧密，以避免滤液的泄漏。

（3）对于离心机：将离心管或离心机的转盘上的收集容器放置在适当的位置，以收集离心过滤产生的滤液。同时要确保收集容器具有足够的容量和密封性，以避免滤液溢出。

**3. 液体的处理**

一旦液体通过过滤介质并被收集，就可以根据实验需求对其做进一步处理或分析。这可能包括测量液体的体积或质量、分析其成分、进行化学反应等。根据具体实验要求，采取适当的步骤来处理收集的液体样品。

**4. 气体的处理**

对于通过过滤介质并被收集的气体，可以将其直接用于后续实验或操作，或者通过适当的方法对其进行处理。例如，气体可以被传送到气体收集器中，进行分析、储存或后续处理。

在进行收集时，要小心操作，确保容器的稳定性和密封性，以避免滤液或气体泄漏。对于液体的收集，注意避免将固体颗粒或杂质一同收集，以保持产物的纯净性。根据实验要求对收集的产物进行适当的处理和存储，以保证其质量和可用性。

## 三、升华

升华是将固体直接从固态转化为气态，绕过液态阶段进行分离和纯化的技术。其基本操作步骤如下。

### （一）准备混合物

在升华操作中，将待升华的固体样品放置在适当的容器中是实现升华过程的重要步骤。以下是对这一过程的详细论述。

**1. 选择适当的容器**

选择适合样品大小和形状的容器。常见的选择包括浅盘、皿等。确保容器干净且无尘，以避免杂质的干扰。

**2. 准备容器**

在将样品放入容器之前，可以考虑准备容器以提升升华效果。例如，可以在容器内表面涂覆一层细薄的滤纸或使用药剂来提供更好的升华条件。这些措施可以帮助减少样品与容器之间的黏附，并促进升华的进行。

**3. 将样品放入容器**

将待升华的固体样品小心地放入容器中。确保样品均匀分布在容器底部，避免堆积或不均匀的分布。对于颗粒状样品，可以使用漏斗或喷雾器等工具来辅助将样品放入容器中，以确保均匀性。

**4. 封闭容器**

在放置样品后，封闭容器，以防止外界的干扰和污染。使用适当的盖子、膜或密封装置密封容器，确保容器内部环境的稳定性和纯净性。这有助于提供良好的升华条件，并防止样品与外部环境的接触。

**5. 样品标记**

在容器上标记样品的信息，如样品名称、日期和其他相关信息。这将有助于识别和追踪样品，并确保实验的准确性和可重复性。

将样品放置在容器中时，应小心操作，避免样品的损坏或污染。确保选择合适的容器和密封装置，并根据实验需求和样品特性来确定适当的容器准备措施。按照实验计划和协议，继续进行下一步的升华操作。

### （二）加热

在升华操作中，适当加热是实现固体升华的关键步骤。

#### 1. 温度选择

选择适当的温度对于升华的实现至关重要。温度应高于待升华物质的升华点，这是物质在给定气压下从固体直接转变为气体的温度。升华点数值可以通过文献资料、实验室测试或其他可靠来源获得。在进行加热前，确定物质的升华点，并确保加热温度高于升华点，以促进升华的进行。

#### 2. 加热装置

使用适当的加热装置将样品加热至升华点。常用的加热装置包括热板、烘箱、炉子等。根据样品的尺寸和形状，选择合适的加热装置，以确保均匀加热和控制温度。

#### 3. 温度控制

在加热过程中，确保温度能够稳定地达到并保持在所需的升华温度范围内。使用温度控制设备或仪器来监测和调节加热温度，以确保恰当的加热条件。温度控制的准确性对于实现升华非常重要。

#### 4. 气压控制

在进行固体升华时，气压也是一个重要因素。在某些情况下，固体物质在标准大气压下具有较低的升华点，因此可能需要调节气压来实现升华。这可以通过使用真空系统来实现。

#### 5. 加热时间

加热时间的长短取决于待升华物质的性质和实验要求。根据实验室测试、先前的经验或文献资料，确定适当的加热时间，以实现升华。

在进行加热操作时，务必遵循安全操作规程，确保使用合适的加热设备，并严格控制温度和气压条件。确保加热均匀、稳定，避免过热。根据实验要求和样品特性，调整加热时间和温度，以获得所需的升华效果。

### （三）升华

随着加热，固体直接从固态转化为气态，形成升华物质的蒸气。蒸气可以通过冷凝器收集或直接释放到空气中。

#### 1. 蒸气生成

当固体被加热到其升华点以上时，固体分子的动能增加，其获得足够的能量，以克服表面张力和吸附力，从而从固相直接转变为气相。这个过程称为升华。

**2. 蒸气收集**

升华物质生成的蒸气可以通过冷凝器进行收集。冷凝器通常是一个管道或装置，通过冷却介质（如冷水或液氮）使蒸气冷凝为液体。冷凝器可以采用不同的设计和配置，以提供足够的冷却表面积和效率，从而有效地将蒸气转化为液体形式。

**3. 蒸气释放**

在某些情况下，蒸气可以直接释放到空气中。这通常发生在实验室或工业环境中，其中升华物质的蒸气不需要收集或处理，而是允许其在室温下自由扩散和稀释到大气中。

选择蒸气的收集或释放取决于具体的应用和实验要求。如果需要收集升华物质的纯净产物或进一步处理，使用冷凝器进行蒸气收集是一种常见的选择。而在某些情况下，蒸气释放到空气中可能更为方便和适用。

在操作过程中，需要注意蒸气收集装置的选择和设计，确保其能够有效地冷凝蒸气并收集产物。同时，要确保安全操作，避免蒸气泄漏和危险物质的释放。根据实验需求和应用领域，选择合适的蒸气处理方法，并遵守相应的安全和环境规定。

### （四）分离和收集

通过冷凝器或其他装置将升华蒸气转化回固态是为了获得纯净的升华产物。

**1. 冷凝器的选择**

选择适当的冷凝器来冷凝升华蒸气。冷凝器通常是一个管道或装置，通过冷却介质（如冷水或液氮）使蒸气冷凝为液体。冷凝器的设计和配置会影响冷凝效率和产物的纯度。应根据实验要求和升华物质的特性，选择适当的冷凝器。

**2. 冷却介质**

冷却介质是用于冷凝升华蒸气的介质。常见的冷却介质包括冷水、冰水、液氮等。冷却介质的接触将升华蒸气的热量转移给冷却介质，使升华蒸气迅速冷却并转化为液态。

**3. 冷凝操作**

将冷却介质引入冷凝器，与升华蒸气接触，促使升华蒸气的冷凝。通过控制冷却介质的流量和温度，可以实现有效的冷凝。冷凝后的液体会在冷凝器中积聚，形成纯净的升华产物。

**4. 产物收集**

冷凝后的液体是纯净的升华产物。根据实验需求，可以使用收集装置，如烧瓶等，对产物进行收集。确保收集容器干净且密封良好，以保持升华产物的纯度。

在进行冷凝操作时，要注意冷凝器和冷却介质的安全使用。确保冷凝器的设计和性能可以满足实验要求，并遵守操作规程和安全操作指南。控制冷却介质的流量和温度，以确保冷凝过程的有效。通过合适的收集装置，将纯净的升华产物收集起来，以备后续的实验或分析。

重结晶、过滤和升华是常用的分离和纯化技术，通过控制溶解、结晶、过滤、升华等操作步骤，可以从混合物中分离出纯净的固体物质。这些技术在化学、制药、食品等领域得到广泛应用，用于获得高纯度的产品。

# 第六节　薄层层析、纸层析和柱层析

薄层层析、纸层析和柱层析是常见的分离和分析技术，被广泛应用于化学、生物化学、药学等领域。它们基于样品成分在不同相中的分配和迁移差异，通过色谱分离原理实现对混合物成分的分离和定量。

## 一、薄层层析（thin layer chromatography，TLC）

薄层层析是一种常见的色谱分离技术，被广泛应用于化学、生物化学、药学等领域。它通过将待测试的混合物样品点在薄层板上的起始点或线上进行准确的样品应用，利用吸附剂上的分配和迁移差异，实现对混合物成分的分离和定量。

### （一）准备薄层板

在薄层层析中，选择适当的薄层板是实现有效分离和获得准确结果的重要步骤。

**1. 薄层板基底选择**

常见的薄层板基底包括玻璃、铝或塑料。选择适合实验要求的基底材料非常重要。玻璃基底通常用于常规分析，因为它具有较好的耐受性和平整度。铝基底更适用于一些特殊的应用，如在紫外光下进行观察。塑料基底更轻便且易于处理，适合一次性使用。

**2. 吸附剂选择**

薄层板上涂覆的吸附剂通常是硅胶凝胶或其他类似的材料。硅胶凝胶是最常用的吸附剂，具有广泛的应用范围和良好的分离性能。此外，还可以选择其他吸附剂，如氧化铝、氧化镁等，根据实验需要和样品特性进行选择。

**3. 表面处理**

确保薄层板表面干净、光滑且无尘是获得准确结果的关键。在使用薄层板之前，必须仔细清洗和处理薄层板表面。使用适当的溶剂和清洗剂（如酒精、醋酸或纯水），清洗薄层板表面，以去除污染物或残留物。

**4. 薄层板准备**

在确保薄层板表面干净的基础上，将吸附剂均匀地涂覆在薄层板上。可以使用均匀涂布器或喷雾器等工具来实现均匀的吸附剂涂覆。确保吸附剂层的均匀性和适当的厚度，以获得准确和一致的结果。

通过选择适当的薄层板基底和吸附剂，以及对薄层板表面进行适当的处理和涂覆，可以确保薄层板的质量和性能。这样可以为后续的样品应用和分离提供一个优质的基础。在进行薄层层析实验之前，始终确保薄层板表面干净，以避免任何可能的干扰因素对实验结果的影响。

## （二）样品应用

使用微量注射器、吸管或毛细管等工具将待测试的混合物样品点在薄层板上的起始点或线上进行准确的样品应用。

**1. 工具选择**

可以使用多种工具来应用样品，包括微量注射器、吸管或毛细管。工具的选择取决于样品的体积和精度要求。微量注射器是常用的工具，可精确地测量和应用微量样品。吸管或毛细管适用于较大体积的样品或在较粗糙的起始点上应用样品。

**2. 样品浓度**

根据实验需求和分析目的，确定样品的适当浓度。在通常情况下，应用较低浓度的样品可以避免斑点的过度扩散和重叠，从而更好地观察和分析不同化合物的迁移距离。

**3. 样品应用技巧**

在应用样品之前，应确保工具和操作环境的清洁和无尘。以下是一些常用的样品应用技巧。

（1）微量注射器：使用微量注射器时，确保注射器的尖端干净和无气泡。将注射器插入吸取待测试样品的容器中，缓慢而稳定地吸取所需体积的样品。然后将注射器尖端放置在薄层板上的起始点或线上，缓慢而均匀地释放样品。

（2）吸管或毛细管：使用吸管或毛细管时，将其一端浸入待测试样品中，并用手指轻轻封住另一端。通过控制手指的压力和位置，调节吸取样品的体积。然后将吸管或毛细管的尖端放置在薄层板上的起始点或线上，缓慢而均匀地释放样品。

**4. 控制应用量**

在应用样品时，要尽量控制样品的量，避免过量应用。过量应用样品可能会导致斑点扩散和重叠，影响分离和分析结果的准确性。

准确地应用样品是薄层层析中获得准确结果的关键步骤之一。选择适当的工具、控制样品浓度和遵循适当的应用技巧，可以准确、均匀地重现样品应用。始终注意操作环境的清洁，并遵循实验室安全操作规程，确保实验过程的可靠性和安全性。

## （三）层析槽的准备

在薄层层析中，将薄层板放入预先准备的层析槽中是实现有效分离和获得准确结果的重要步骤。

**1. 层析槽选择**

层析槽可以由玻璃或塑料制成。层析槽的尺寸应适合薄层板的尺寸，确保薄层板能够完全覆盖槽的底部。槽的高度应足够容纳适当量的溶剂和薄板的深度。

**2. 溶剂选择**

根据待分离混合物的性质和目标，选择适当的溶剂系统。溶剂的选择应基于其极性和溶解性能，以确保样品中的化合物能够有效地分离和迁移。常用的溶剂包括单一溶剂或混合溶剂体系，如乙酸乙酯、石油醚和醋酸的混合物。根据实验需求，可以使用不同极性和挥发性的溶剂体系。

**3. 层析槽底部涂覆溶剂**

在层析槽底部覆盖一层适当的溶剂，以使薄层板底部与溶剂接触。涂覆溶剂可以在样品应用后，通过毛细作用或表面张力现象，使溶剂从槽底部上升到薄板的吸附剂层中。确保覆盖的溶剂层足够薄，以避免溶剂与样品混合。

**4. 控制溶剂量**

在涂覆溶剂时，要尽量控制溶剂的量，避免溶剂过量导致样品溶解或扩散。使用适当的工具，如注射器或滴管，缓慢而均匀地涂覆溶剂。在涂覆过程中，观察槽内溶剂的分布和均匀性，确保涂覆的溶剂层均匀且足够覆盖整个槽底部。

**5. 预平衡**

在进行样品应用之前，要进行预平衡的操作。这意味着将薄层板放入层析槽中，并让其与涂覆的溶剂层接触一段时间，通常是5～10分钟。预平衡可以确保薄层板吸附剂层的饱和与平衡，为样品的迁移提供稳定的环境。

将薄层板放入预先准备的层析槽中，确保薄层板底部与覆盖的溶剂层接触，可以为样品的迁移和分离提供一种合适的环境。始终注意操作环境的清洁，并遵循实验室安全操作规程，确保实验过程的可靠性和安全性。

### （四）层析过程

在薄层层析中，样品中的化合物会根据其亲和性与分配系数在薄层板上垂直迁移到不同的高度。这是由于样品中的化合物与涂覆在薄层板上的吸附剂之间的相互作用。

**1. 溶剂选择**

溶剂的选择是实现有效层析分离的关键。根据待分离化合物的性质和极性，选择适当的溶剂系统。常见的溶剂包括极性溶剂（如醇类、醚类、酮类等）和非极性溶剂（如石油醚、烷烃等）。选择合适的溶剂或混合溶剂体系可以调节化合物在吸附剂上的吸附和迁移性质。

**2. 开发方式选择**

开发方式是指液体上升的方式和速度。常见的开发方式包括垂直开发、水平开发和倒置开发。选择合适的开发方式取决于实验需求、样品性质和分离目标。垂直开发是最常用的方式，液体从槽底部上升到薄层板顶部，使化合物垂直迁移。水平开发是将薄层板放置在平面上，液体通过毛细作用横向扩散，使化合物水平迁移。倒置开发是将薄层板倒置放置，液体从顶部向下流动，使化合物反向迁移。

**3. 控制开发速度**

控制涂覆溶剂层的厚度、溶剂的挥发性和槽中溶剂的量，可以调节开发速度。较大的溶剂量和较薄的涂覆层会导致较快的开发速度，而较小的溶剂量和较厚的涂覆层会导致较慢的开发速度。根据分离目标和样品特性，调整这些参数，以获得适当的开发速度。

**4. 观察和记录**

在开发过程中，定期观察薄层板上化合物的迁移情况。可以使用紫外灯、染色剂或化学试剂等方法来可视化化合物的位置。及时记录化合物的迁移距离和相对位置，给后续的分析和结果解读提供参考。

选择合适的溶剂系统和开发方式，可以控制薄层层析的进行，使化合物根据其亲和性与分配系数在薄层板上分离并迁移到不同的高度。这样可以实现有效的分离和分析，为后续的结果解读和定量提供依据。始终注意操作环境的清洁，并遵循实验室安全操作规程，确保实验过程的可靠性和安全性。

### （五）结果观察

一旦层析进行完毕，将薄层板从槽中取出，快速干燥，并使用紫外灯或化学试剂进行显色或显影，以观察和分析不同化合物的相对迁移距离和斑点形成。

**1. 取出薄层板**

小心地从层析槽中取出薄层板。使用镊子或类似工具轻轻抓住薄层板的边缘，确保不触摸或污染吸附剂表面。

**2. 快速干燥**

将薄层板放置在通风处或使用空气吹扫仪等设备，以便快速干燥薄层板。干燥过程有助于固定样品和吸附剂，并避免斑点的模糊和扩散。

**3. 紫外灯检测**

使用紫外灯进行显色，以观察和分析样品在薄层板上的斑点。紫外灯可以激发样品中的芳香族化合物或具有紫外吸收性质的化合物，在紫外光下呈现荧光或吸收特征。通过比较不同斑点的强度、形状和位置，可以初步获得化合物的信息。

**4. 化学试剂显色或显影**

根据需要，可以使用化学试剂进行显色或显影来增强斑点的可视性。不同化学试剂具有特定的反应性，可以与特定类型的化合物发生化学反应或形成可见的颜色或沉淀。例如，使用碘化钠溶液对样品进行显色，可以形成具有暗紫色的碘化物沉淀。

**5. 记录和分析**

在显色或显影后，观察并记录不同斑点的相对迁移距离和形状。根据标准物质或已知化合物的参考值，对样品中的化合物进行初步鉴定和分析。相对迁移距离可以用来计算样品中不同成分的$R_f$值（比移值），作为定性或定量分析的指标。

以上步骤有助于观察和分析不同化合物在薄层板上的迁移情况，并为后续的结果解读和分析提供基础。在进行这些步骤时，应确保操作环境的清洁，并遵循实验室安全操作规程，确保实验过程的可靠性和安全性。

## 二、纸层析（paper chromatography）

纸层析是一种常用的分离和分析技术，它利用纸张作为吸附介质，根据不同物质在纸上的迁移速度与亲和性的差异，实现混合物中成分的分离。

### （一）准备纸张

在纸层析中，选择合适的纸张作为吸附相是实现有效分离和准确结果的关键。

**1. 纸张选择**

选择合适的纸张作为吸附相，常见的选择包括滤纸、特制的纸层析片或其他具有吸附性能的纸张。重要的是确保纸张干燥、光滑且无污染。光滑的表面和均匀的纤维结构可以提供良好的分离效果。

**2. 吸附性能**

纸张的吸附性能是决定样品分离和迁移的关键因素。吸附性能受纸张的成分、纤维结构和处理方式的影响。不同类型的纸张具有不同的亲水性和亲油性，可适应不同样品的特性。

**3. 干燥**

确保选用的纸张是干燥的，因为湿纸可能导致样品扩散和迁移的不均匀。在使用纸张之前，应将其在干燥的环境中储存并注意防潮。

**4. 预处理**

有些纸张需要预处理，如预洗或活化处理，以去除可能影响分离的杂质或提高吸附性能。根据纸张的要求，遵循相关的预处理步骤。

选择适当的纸张作为吸附相非常重要，它会影响到样品的分离和迁移性能。合适的纸张应具有适当的吸附性能和表面特性，以获得准确和可靠的分析结果。始终注意操作环境的清洁，并遵循实验室安全操作规程，确保实验过程的可靠性和安全性。

### （二）样品应用

准确地应用待测试的样品是实现有效分离和获得准确结果的关键步骤。以下是对样品应用的详细论述。

**1. 毛细管或滴管选择**

使用细小的毛细管或滴管等工具，以便能够精确地控制样品的应用量和位置。工具的选择取决于样品的特性和黏度。

**2. 样品应用位置**

在纸上选择合适的位置进行样品的应用。通常，在纸的底端或起始线上应用样品，确保与纸面垂直，并注意避免过度应用。

**3. 应用量控制**

控制样品的应用量非常重要，样品的应用量应根据分析要求和纸张的吸附能力来决定。过量的样品可能导致斑点模糊和扩散，而过少的样品可能无法得到明显的分离。

**4. 重复性和准确性**

对于准确的结果，应该保持应用样品的重复性。使用相同的工具和相似的施加压力来保持应用的一致性。重复多次应用可以提高准确性和可靠性。

**5. 避免交叉污染**

在应用不同样品之间，务必清洁应用工具，以避免交叉污染和样品之间的相互干扰。应使用无菌的工具或在每次应用之前进行适当的清洁。

准确地应用待测试的样品非常重要，因为它会直接影响到分离和分析的准确性。始终注意操作环境的清洁，并遵循实验室安全操作规程，确保实验过程的可靠性和安全性。

### （三）纸层析槽的准备

在纸层析中，加入适当的溶剂到层析槽中，以使纸张底部与溶剂接触，但要避免样品和溶剂之间的直接接触。

**1. 层析槽选择**

选择适当的层析槽，通常为浅而宽的容器，以容纳足够的溶剂量，覆盖纸张底部并提供足够的液体层。

**2. 溶剂选择**

根据待测试样品的性质和预期的分离效果，选择适当的溶剂。溶剂应具有适当的极性和流动性，以促进样品中化合物的分离和迁移。常用的溶剂包括水、乙醇、丙酮、醚类等。

**3. 溶剂层厚度**

加入足够的溶剂，使其覆盖纸张底部，并形成一层合适的液体层。层析槽的溶剂层应足够厚，以确保纸张底部充分接触到溶剂，促进样品在纸上的迁移。

**4. 确保样品与溶剂不直接接触**

避免样品与溶剂直接接触，以防止样品的直接溶解或扩散。通常，在纸张的上端或起始线上应用样品，并确保样品与溶剂相隔一定的距离。

**5. 观察和调整**

一旦溶剂加入层析槽，观察溶剂在纸上的上升速度和分散性。根据需要，可以调整溶剂量和溶剂层的厚度，以控制层析的进行和分离效果。

通过加入适当的溶剂到层析槽中，并确保样品不直接接触溶剂，可以促进样品的分离和迁移，实现有效的纸层析分析。同时应始终注意操作环境的清洁，并遵循实验室安全操作规程，确保实验过程的可靠性和安全性。

### （四）层析过程

随着溶剂的上升，样品中的化合物会根据其亲和性与分配系数迁移到不同的高度。根据实验需求和样品特性，选择合适的溶剂系统和开发方式来控制层析的进行。

**1. 溶剂系统选择**

根据样品的特性和分离需求，选择合适的溶剂系统。溶剂系统由至少两种溶剂组成：其中一个是移动相（流动相），用于溶解样品并向上迁移；另一个是静止相（固定相），用于与样品相互作用和分离化合物。常见的溶剂系统包括单一溶剂系统和混合溶剂系统，如等极性溶剂系统、非极性溶剂系统、两相溶剂系统等。

**2. 开发方式选择**

根据实验需求和样品特性，选择适当的开发方式来控制层析的进行。常见的开发方式包括上升式开发和下降式开发。在上升式开发中，溶剂从底部向上移动，样品随着溶剂的上升而迁移。在下降式开发中，溶剂从顶部向下滴入，样品则从顶部向下迁移。

**3. 开发室和条件**

为了控制层析的进行，可以使用专门设计的开发室或开发槽。开发室应具备适当的密封性和纵向控制的能力，以确保溶剂的均匀上升和样品的正确分离。此外，温度和相对湿度等条件也可能对分离效果产生影响，因此需要根据样品特性和实验要求来进行优化。

**4. 监测和记录**

在层析过程中，监测样品的迁移和分离情况非常重要。使用紫外灯、可见光源或荧光检测器等方法来观察样品的迁移位置和斑点形成情况。记录每个化合物的迁移距离、$R_f$值（比移值）以及斑点的形状和颜色等信息，以供后续分析和解释使用。

通过选择合适的溶剂系统和开发方式，并优化层析条件，可以控制纸层析的进行，实现化合物的分离和分析。始终注意操作环境的清洁，并遵循实验室安全操作规程，确保实验过程的可靠性和安全性。

### （五）结果观察

在纸层析中，当层析过程完成后，下一步是对纸张进行干燥，并使用适当的显色或显影方法观察和分析化合物的迁移距离和斑点形成。

**1. 纸张的取出和处理**

小心地取出纸张，并避免与其他表面接触，以防止受到污染和斑点模糊。使用干燥的手套或工具来处理纸张，以防止额外的污染。

**2. 快速干燥**

迅速将纸张进行干燥处理，以保持样品的位置和斑点的形成。使用吹风机、加热板或干燥箱等方法进行快速而均匀的干燥。避免过度加热或过长时间的干燥，以免损坏样品或纸张。

**3. 显色或显影方法**

根据所分离的化合物和需要观察的特定分析目标，选择合适的显色或显影方法。常见的方法包括使用化学试剂、紫外灯照射、荧光显影等。

（1）化学试剂：使用适当的化学试剂，如酸碱指示剂、染料或显色剂，通过直接施加或浸泡纸张来形成有色或可见的斑点。

（2）紫外灯照射：将纸张放置在紫外灯下，化合物会发生荧光或紫外线吸收，形成明显的斑点。这对于具有荧光性质的化合物非常有用。

（3）荧光显影：使用荧光显影剂，使化合物在可见光下发出荧光信号，从而观察和分析斑点。

**4. 观察和分析**

使用适当的设备和方法观察纸张上的斑点，如使用肉眼、显微镜、影像记录等。记录化合物的迁移距离、$R_f$值（比移值）以及斑点的形状、颜色和强度等信息。根据这些观察结果进行数据分析和解释，以获得有关样品中化合物的信息。

在纸层析中，干燥和显色或显影是非常关键的步骤，它们有助于观察和分析样品中的化合物。始终注意操作环境的清洁，并遵循实验室安全操作规程，确保实验过程的可靠性和安全性。

## 三、柱层析（column chromatography）

柱层析是一种重要的色谱技术，用于分离和纯化化合物。它基于化合物在固定相（填充物）和流动相（溶剂）之间的相互作用，通过溶剂在填充物中的渗透作用将混合物分离成各个组分。该技术被广泛应用于实验室和工业领域，用于纯化和分离化合物，以及分析混合物的成分。

### （一）准备填料

选择合适的填料，如硅胶凝胶、分子筛或聚合物填料，将其填充到柱子中。填料的粒径和填充度需要根据实验需求进行调整。

**1. 硅胶凝胶**

硅胶凝胶是最常用的填料之一。它具有较大的表面积和孔隙结构，可以提供良好的分离效果。硅胶凝胶有不同的粒径可供选择，通常根据分离的目标物质大小来确定。较小的粒径可提供更高的分离效率，但通量较低；而较大的粒径则具有更高的通量，但分离效率较低。对于填充度（填料与柱子容积之间的比例）的选择也需要考虑到样品量和分离要求。

**2. 分子筛**

分子筛是一种特殊的填料，其孔径具有选择性，可以用于分离和纯化特定大小或形状的分子。分子筛通常用于气相色谱和吸附层析中，对于某些分子的选择性分离具有重要意义。

**3. 聚合物填料**

聚合物填料常用于柱层析中，如聚丙烯酰胺凝胶（polyacrylamide gel）。这些填料具有不同的亲水性、孔隙结构和化学性质，可用于特定类型的分离和纯化。

选择填料时，需要考虑样品的性质、目标物质的大小和性质，以及分离的要求。填料的选择应使得目标化合物具有适当的亲和性，从而实现有效的分离。此外，填充度的选择也是关键，过高或过低的填充度都可能导致分离效果不佳。

总之，选择合适的填料是柱层析中的重要步骤，它直接影响到分离效果和纯化的质量。根据实验需求和样品特性，选择适当的填料类型、粒径和填充度，以获得满意的分离结果。

### （二）样品应用

在柱层析中，首先需要将待测试的混合物样品溶解在适当的溶剂中，以便样品能够在柱子中进行分离。

**1. 选择适当的溶剂**

根据待分离的化合物和柱层析的类型，选择合适的溶剂来溶解样品。溶剂的选择应考虑到样品的溶解性、柱子中填料的亲和性，以及后续的洗脱和分离步骤。确保所选溶剂与填料和柱子材料相容，并且不会干扰后续的分离过程。

**2. 样品的溶解**

将待测试的混合物样品加入所选的溶剂中，并使用适当的方法（如轻轻摇动或搅拌）将其完全溶解。确保样品溶解均匀，以便在柱层析过程中得到准确的分离结果。

**3. 样品的应用**

使用注射器或其他适当的工具，将样品溶液应用到柱子的顶部。注射器应具有足够的精确度和容量，以确保准确的样品应用。在应用样品时，尽量避免气泡的产生，以防止干扰分离过程。

**4. 控制样品量**

根据样品的浓度和柱子的大小，控制样品的应用量。避免过量应用样品，以防止样品过载和混合物的扩散。根据需要，可以调整样品的浓度和应用量，以获得理想的分离效果。

正确地应用样品是柱层析中的关键步骤之一。确保选择合适的溶剂和溶解方法，使样品完全溶解并均匀地应用到柱子上。控制样品量，避免过量应用，并注意气泡的产生。这将有助于实现有效的分离和纯化过程。

### （三）层析过程

让溶剂通过填料，样品中的成分会根据其亲和性与分配系数在填料中分离。根据实验需求和样品特性，选择合适的溶剂系统和流速来控制层析的进行。

**1. 溶剂系统的选择**

选择合适的溶剂系统是柱层析中的重要步骤。溶剂系统由一种或多种溶剂组成，根据待分离的化合物性质和相互作用来选择。通常，溶剂系统包括极性溶剂（如水、乙醇）和非极性溶剂（如正己烷、二甲苯等），以提供适当的极性范围来实现目标物质的分离。根据样品的特性和目标物质的亲和性，可以调整溶剂比例和组合。

**2. 流速的控制**

流速是指溶剂在柱子中通过填料的速度。控制流速可以调节分离的速度和分离度。流速过快可能会导致样品的扩散和混合，影响分离效果；而流速过慢可能导致分离时间过长。选择适当的流速需要根据样品的复杂性、目标物质的亲和性以及柱子的尺寸来确定。一般来说，较低的流速可提供更好的分离效果，但同时会增加分离时间。在实验中可以进行试验性的流速优化，以获得最佳的分离结果。

**3. 跟踪染色剂的使用**

为了控制分离过程和观察分离的进行，可以将适当的跟踪染色剂添加到溶剂中。跟踪染色剂在层析过程中会形成可见的色带，用于观察和评估分离的进行。跟踪染色剂的选择应与目标物质的性质相兼容，不会干扰分离结果。

在柱层析中，通过选择合适的溶剂系统和控制流速，可以实现有效的分离和纯化。根据实验需求和样品特性，选择适当的溶剂组合，使样品中的成分根据亲和性与分配系数在填料中分离。调节流速，确保适当的分离效果和分离时间。此外，跟踪染色剂的使用可以提供实时的分离监控。通过细致的实验设计和优化，可以获得理想的柱层析结果。

### （四）馏出组分

在柱层析中，将收集装置连接到柱子底部是关键的步骤，根据不同化合物的出现顺序，收集不同的馏分。

**1. 收集装置的选择**

根据实验需求和样品特性，选择合适的收集装置。常见的收集装置包括收集瓶、试管或集装管等，需要根据实验的规模和样品量来确定。确保收集装置具有足够的容量和适当的密封性，以便有效地收集馏分并防止挥发或污染。

**2. 连接装置**

使用合适的连接件（如橡胶塞、管道等）将收集装置连接到柱子的底部。确保连接紧密，以防止溶剂或馏分泄漏。

**3. 收集馏分**

在柱层析过程中，根据不同化合物的出现顺序，将收集装置及时放置在适当的位置，以收集目标化合物。这可以通过观察色带的移动和分离结果的变化来确定。根据需要，可以逐个收集不同的馏分，以便后续分析和处理。

**4. 防止污染和交叉污染**

在收集过程中，需要注意避免不同组分之间的污染和交叉污染。确保收集装置的密封性良好，以防止气体或溶剂的挥发。在收集每个馏分之前，可以用清洁溶剂冲洗收集装置，以减少污染的可能性。

通过将收集装置连接到柱子底部，根据不同化合物的出现顺序，有效地收集不同的馏分。这样可以实现目标化合物的分离和纯化，并为后续的分析和处理提供纯净的样品。在操作过程中，要注意选择合适的收集装置，确保连接紧密，及时准确地收集目标组分，并避免污染和交叉污染的发生。

### （五）结果观察

在柱层析过程中，一旦收集了馏分，进一步的分析和测试是必要的，这个步骤可以确定分离和纯化的效果。

**1. 紫外可见吸收光谱法（UV-visible absorption spectrum）**

紫外可见吸收光谱法是常用的分析方法，可用于确定化合物的吸收特性和纯度。将收集的馏分溶解在适当的溶剂中，使用紫外可见光谱仪测量其吸收光谱，与已知的光谱数据进行比较，可以确定化合物的存在和纯度。

**2. 质谱（mass spectrum，MS）**

质谱是一种高效的分析技术，可用于确定化合物的分子质量和结构。将收集的馏分制备成适当的样品溶液，然后使用质谱仪进行分析。质谱提供了化合物的分子质量、碎片信息和结构特征，从而验证了分离和纯化的效果。

**3. 核磁共振（nuclear magnetic resonance，NMR）**

核磁共振是一种强大的结构表征技术，可用于确定化合物的结构和化学环境。将收集的馏分溶解在适当的溶剂中，使用核磁共振仪进行分析。核磁共振提供了化合物中原子的化学位移、偶合常数和化学环境的信息，从而确定化合物的结构。

**4. 其他分析方法**

根据样品的特性和需要，可以使用其他分析方法来进一步评估分离和纯化的效果。这包括红外光谱法（infrared spectrum，IR）、气相色谱-质谱法（gas chromatography-mass spectrometry，GC-MS）、高效液相色谱法（high performance liquid chromatography，HPLC）等。

通过进一步的分析和测试，可以确定柱层析过程的分离和纯化效果。紫外可见吸收光谱法、质谱、核磁共振等分析方法提供了化合物的结构、质量和纯度的信息。这些结果可以用于验证柱层析的有效性，并指导进一步的处理和使用。根据分析结果，可以调整和优化柱层析的条件，以获得更好的分离和纯化效果。

在进行层析操作时，要注意实验的条件和参数，如溶剂选择、溶剂比例、温度和流速的调节。确保实验环境清洁、无尘，并遵守安全操作规程，以确保实验结果的准确性和安全性。

# 第三章　微反应连续流有机合成操作技术

微反应连续流有机合成是一种先进的操作技术，有机合成反应在微型反应器中以连续流的方式进行。这种技术结合了微流控技术和有机合成的优势，具有高效性、高选择性和可控性等特点。

## 第一节　常规微反应器设备

常规微反应器设备是用于微反应连续流有机合成的关键工具。它通常由微流控平台、反应器、进样装置、混合装置、加热或冷却系统和收集装置等组成。这些设备的设计和功能旨在提供高效、精确和可控的反应条件，以实现有机合成的连续流操作。

常规微反应器设备的操作技术涵盖了多个方面，以确保微反应连续流有机合成的顺利进行。以下是对常规微反应器设备操作技术的详细讨论。

### 一、微流控平台操作

微反应器通常安装在微流控平台上。操作时，需要熟悉平台的操作界面和控制系统。这包括设置和调整流速、温度、压力等参数，监测反应进程和收集数据。需要严格遵循操作指南和安全操作程序，确保平台的正常运行。

**1. 熟悉操作界面**

了解微流控平台的操作界面和控制系统。不同平台可能具有不同的界面和功能，需要熟悉其操作流程和参数设置方式。

**2. 参数设置和调整**

根据实验需求和反应要求，设置和调整流速、温度、压力等参数。确保参数的准确性和适合性，以实现所需的反应条件。调整参数时应谨慎，避免过大或过小的参数变化对反应造成不良影响。

**3. 监测反应进程**

通过监测关键参数，如温度、压力、流速等，实时了解反应的进行情况。注意观察和记录数据，并根据实验要求和结果进行相应的调整和控制。

**4. 数据收集和分析**

使用微流控平台提供的数据采集系统，收集反应过程中的关键数据。这些数据包括温度曲线、压力变化、流速等。对数据进行分析，评估反应的过程和结果。

**5. 遵循操作指南和安全操作程序**

严格遵循操作指南和安全操作程序，确保操作的正确性和安全性。了解平台的安全功能和紧急停机程序，以便在需要时采取适当的措施。

**6. 故障排除和维护**

在操作过程中，可能会遇到一些故障或问题。因此应熟悉平台的故障排除方法，并及时采取措施解决问题。同时，对平台进行定期维护和清洁，以保持其正常运行，并延长其使用寿命。

## 二、反应器操作

反应器是微反应器设备的核心部件。在操作前，需要确保反应器表面清洁，并且没有杂质和残留物。在操作时，将反应物料注入反应器中，并控制流速和温度，以实现所需的反应条件。需要密切关注反应进程，记录温度、压力和流量等重要参数，并及时进行调整和控制。

**1. 清洁反应器**

在操作前，应确保反应器表面干净，无杂质和残留物。彻底清洁反应器，并确保内部和外部的清洁度，以避免杂质对反应的干扰。

**2. 添加反应物料**

根据实验需求和反应配方，将准确量的反应物料注入反应器中。确保准确的反应物料量，并避免泄漏和混合不当。

**3. 控制流速**

根据反应要求和设备规格，调节和控制流速。流速的控制可以通过微流控平台或其他控制装置实现。准确控制流速可以控制反应物料在反应器中的停留时间和接触时间，影响反应的速率和效果。

**4. 控制温度**

根据反应要求和反应物料的热稳定性，设置和控制适当的反应温度。可以使用加热或冷却系统来控制反应器的温度。密切关注温度变化，记录温度数据，并根据需要进行调整和控制。

**5. 监测关键参数**

在反应过程中，密切监测关键参数，如温度、压力、流量等。这些参数对于评估反应的进行和控制非常重要。使用适当的仪器和传感器，记录和监测这些参数，并根据需要进行调整和控制。

**6. 调整和控制反应进程**

根据监测到的数据和观察结果，及时进行调整并控制反应进程。根据实验需求和目标，调节流速、温度和其他反应条件，以实现所需的反应效果。

**7. 数据记录和分析**

记录反应过程中的重要数据，如温度、压力、流量等。这些数据可以用于分析和评估反应的进行和结果。根据记录的数据，进行后续的数据分析和结果解释。

## 三、进样装置操作

进样装置用于将反应物料引入微反应器。在操作时，需要准确测量和计量反应物料，并将其注入进样装置中。注意避免泄漏和混合不当，以确保准确的物料进入反应器。同时，确保进样装置清洁和无残留，以避免反应物料的交叉污染。

**1. 准确测量和计量反应物料**

在进样前，使用准确的量具（如注射器或计量杯）对反应物料进行测量和计量。确保物料量的准确性，以避免过量或不足的情况发生。

**2. 注入进样装置**

将准确测量的反应物料注入进样装置中。注射器、滴管或其他适当的装置可用于将反应物料精确地引入进样装置。

**3. 避免泄漏和混合不当**

在进样时，要注意避免反应物料的泄漏和混合。确保进样装置和连接部件密封性良好，以防止物料泄漏。避免不同反应物料之间的混合，以保证反应的准确性和可靠性。

**4. 清洁进样装置**

在每次使用前后，务必对进样装置进行彻底的清洁和消毒。清除残留的物料和污垢，避免反应物料的交叉污染。使用适当的清洁剂和方法，确保进样装置清洁和无残留。

**5. 检查进样装置的状态**

定期检查进样装置的状态和工作效果。确保进样装置的连接部件和密封件完好无损，以保证物料的准确引入和反应器的正常运行。

## 四、混合装置操作

混合装置用于确保反应物料充分混合，以提供均匀的反应环境。在操作时，需要调整混合装置的速度和强度，以实现适当的混合效果。根据反应物料的特性和需求，选择合适的混合方式，如搅拌、喷嘴混合等。

**1. 调整混合装置的速度和强度**

根据反应物料的特性和需求，调整混合装置的速度和强度。混合速度和强度的调节可以通过微流控平台或其他控制装置实现。准确控制混合的速度和强度可以保证反应物料的均匀分布和充分混合，以提供合适的反应环境。

**2. 选择适当的混合方式**

根据反应物料的特性和反应要求，选择适当的混合方式。常见的混合方式包括搅拌、喷嘴混合、涡流混合等。根据反应物料的流动性、黏度和反应速率等特性，选择合适的混合方式，以实现充分混合。

**3. 考虑混合的时间**

根据反应物料的特性和反应的需要，考虑混合的时间。有些反应可能需要更长的混合时间才能达到充分混合的效果。密切关注混合时间，并根据需要进行调整。

**4. 混合后的观察和调整**

在混合过程中，密切观察混合效果。根据观察结果和实验需求，及时进行调整。如果需要更均匀的混合，可以增加混合装置的速度或调整混合方式。

**5. 安全操作**

在操作混合装置时，注意安全操作。遵循实验操作指南和安全操作程序，确保操作的准确性和安全性。注意使用适当的个人防护装备，以保护自身安全。

## 五、加热或冷却系统操作

加热或冷却系统用于控制反应温度。操作时，需要根据反应要求和设备规格设置合适的温度范围，并确保加热或冷却系统正常运行。监测和调整温度，以保持反应物料在所需的温度条件下进行反应。

**1. 设置合适的温度范围**

根据反应的要求和设备的规格，设置合适的温度范围。根据反应物料的特性和反应条件，确定所需的最低温度和最高温度，并确保加热或冷却系统能够满足这个温度范围的要求。

**2. 确保加热或冷却系统的正常运行**

在操作前，确保加热或冷却系统正常运行。检查设备的电源和控制器是否正常工作，确保传感器的准确性和稳定性。如果需要，校准温度传感器和控制器，以确保温度的准确控制。

**3. 监测和调整温度**

在反应过程中，密切监测温度变化。使用温度传感器和控制器，实时监测反应器的温度。根据需要，调整加热或冷却系统的功率或冷却剂的流速，以维持所需的温度条件。

**4. 注意安全操作**

在操作加热或冷却系统时，注意安全操作。遵循实验操作指南和安全操作程序，确保操作的准确性和安全性。确保设备的电源和接线安全，避免触电和热损伤。

## 六、收集装置操作

收集装置用于收集反应产物或中间体。在操作时，根据需要选择适当的收集方式，如连续收集或分批收集。确保收集装置的密封性和准确性，以避免样品的损失或污染。

**1. 选择适当的收集方式**

根据反应的性质和实验要求，选择适当的收集方式。常见的收集方式包括连续收集和分批收集。连续收集适用于需要连续监测反应进程的情况，而分批收集适用于需要在特定时间点采集反应产物的情况。

**2. 确保收集装置的密封性**

在安装收集装置之前，应确保装置的密封性。检查接口和连接部分，确保无泄漏。使用密封垫或密封胶等适当的材料，确保收集装置与反应器之间的密封良好。

**3. 准确收集样品**

根据需要，设置收集装置的容器和收集时间。使用准确的测量工具，如量筒、移液管等，确保准确测量和收集样品。注意避免样品的损失或污染，避免反应物料的交叉污染。

**4. 标记和记录样品信息**

对每个收集的样品进行标记，包括反应条件、收集时间和样品编号等信息。及时记录样品信息，以便后续分析和处理。确保记录准确、详细、可追溯。

**5. 注意安全操作**

在操作收集装置时，注意安全操作。遵循实验操作指南和安全操作程序，确保操作的准确性和安全性。要特别注意与有毒、易挥发或易燃的物质相关的安全措施。

## 七、安全操作

在操作微反应器设备时，必须遵守安全操作程序。这包括佩戴个人防护装备、注意化学品的安全操作、避免操作错误和事故发生等。了解设备的安全功能和应急措施，并随时保持警惕。

**1. 穿戴个人防护装备**

在操作微反应器设备之前，确保穿戴适当的个人防护装备，如实验室外套、手套、护目镜和实验室鞋。这些装备可以有效地使操作人员免受化学品和热量等伤害。

**2. 注意化学品的安全操作**

在使用化学品时，遵循化学品的安全操作规程。了解化学品的性质、风险和操作要求。正确储存、处理和处置化学品，并遵循相应的安全数据表和操作指南。

**3. 避免操作错误和事故发生**

在操作微反应器设备时，要谨慎并遵循操作步骤。确保仪器和设备的正确设置和校准，避免操作错误和设备失效。避免过度操作、强制操作或暴力操作，以避免发生事故和损坏。

**4. 了解设备的安全功能和应急措施**

熟悉微反应器设备的安全功能和应急措施。了解设备的紧急停止按钮、紧急排气装置等安全功能的位置和操作方法。熟悉应急情况下的紧急停机步骤和紧急处理措施。

**5. 保持警惕**

始终保持警惕，注意周围环境和操作状态。不要离开操作区域，避免分散注意力或产生不必要的干扰。及时处理和报告任何发生的异常情况或事故。

实验室安全是操作微反应器的基础，必须始终将安全放在首位。遵守安全操作程序，确保穿戴个人防护装备，并遵循化学品的安全操作规程。了解微反应器设备的安全功能和应急措施，随时保持警惕，并避免操作错误和事故的发生。

## 第二节　常规微换热与微分离器设备

常规微换热与微分离器设备是一类基于微流控技术的设备，用于实现高效的热传递和物质分离。该类设备通常由微通道、微反应器、微混合器、微分离器等组成。这些设备在微尺度上操作，具有高度发达的表面积和高传热或传质效率的优势。常规微换热与微分离器设备被广泛应用于化学工程、生物医药、食品工业等领域，用于实现热交换、物质分离、反应控制等过程。

常规微换热与微分离器设备的操作技术涉及多个方面，包括设备的运行参数设置、样品进样和收集、温度和压力控制以及流速调节等。下面详细描述这些操作技术。

### 一、运行参数设置

在操作设备之前，需要根据实验要求和样品特性设置适当的运行参数。这包括温度、压力、流速和混合效果等。根据实验目的，确定合适的操作参数，以实现所需的热传递和分离效果。

**1. 温度**

温度是微换热与微分离过程中一个关键的操作参数。根据反应或分离的要求，确定适当的温度范围。温度可以通过加热或冷却系统进行控制。选择合适的温度可以促进反应的进行、增强分离效果或控制反应速率。确保设备能够稳定地维持所需的温度条件。

**2. 压力**

压力是微换热与微分离过程中重要的操作参数。通过调节系统压力，可以控制相的平衡和流动速率。根据设备的设计和实验要求，确定合适的压力范围。过高或过低的压力都可能会影响物质的传递和分离效果。要确保设备能够稳定地维持所需的压力条件。

**3. 流速**

流速是微换热与微分离过程中的关键参数。通过调节泵速或微通道的设计，可以控制物质在设备中的流动速率。合适的流速可以实现适当的混合和传质效果，确保反应或分离的高效进行。根据反应物料的特性和需求，调节流速，以达到最佳效果。

**4. 混合方式**

混合方式是微换热与微分离过程中的重要因素之一。通过选择合适的混合方式，如搅拌、喷嘴混合或微通道设计，可以实现充分的物质混合。合适的混合效果有助于提高反应速率、增强分离效果和均匀传热。根据样品特性和实验要求，确定适当的混合方式和强度。

在确定运行参数时，需要综合考虑实验要求、样品特性和设备性能。根据实验目的，确定合适的操作参数，以达到所需的热传递和分离效果。同时，应密切关注运行过程中的实时数据和观察结果，及时调整和优化操作参数，以获得最佳的实验结果。操作人员应熟悉设备的操作界面和控制系统，并严格遵守操作指南和安全操作程序，确保设备的正常运行和操作人员的安全。

## 二、样品进样和收集

将待处理的样品引入微换热与微分离器设备中，通常通过微量注射器、进样泵或微流控芯片等装置进行控制。进样时需要注意样品的准确计量并控制流量。同时，根据实验需求，选择合适的收集方式，如连续收集或分批收集，以获得所需的产物或分离组分。

**1. 样品引入装置**

根据实验需求和设备的设计，选择合适的样品引入装置。常见的装置包括微量注射器、进样泵或微流控芯片等。这些装置能够精确地控制样品的进入量和流量，以满足实验的要求。

**2. 样品计量**

在引入样品之前，应确保样品的计量准确。使用合适的测量工具，如微量注射器或天平，对样品进行精确的计量。确保所引入的样品量符合实验要求，并控制流量，以避免样品过量或不足。

**3. 流量控制**

根据实验要求和设备的流动特性，选择合适的流量控制方式。对于微流控芯片，可以通过调节进样泵的流速来控制样品的进入速率。对于其他装置，如微量注射器，可以通过手动操作来控制流量。流量的稳定和准确可以确保实验结果的可靠性。

**4. 收集方式选择**

根据实验的需要和分离的目标，选择合适的收集方式。如果需要连续收集产物或分离组分，那么可以将收集容器或收集器件连接到设备的出口。如果需要分批收集，那么可以通过定时或手动操作来控制收集过程。确保收集方式的准确性和可靠性，以获得所需的产物或分离组分。

在样品引入过程中，操作人员需要注意样品的准确计量、流量的控制和收集方式的选择。确保样品的准确引入和流动，以获得可重复的实验结果。同时，密切关注设备的操作界面和控制系统，确保操作的准确性和稳定性。

## 三、温度和压力控制

在微换热与微分离器设备中，通过控制加热源或冷却系统，以及调节系统压力来控制温度和压力。根据反应或分离的要求，确保设备处于适当的温度范围和压力条件下，以实现所需的热传递和分离效果。

**1. 温度控制**

根据反应或分离的要求，通过控制加热源或冷却系统来调节设备的温度。加热源可以是电加热器、热板或加热循环器等。冷却系统可以是冷却水或制冷剂循环系统。通过调节加热源的功率或冷却系统的温度，可以实现对设备温度的精确控制。

**2. 温度传感器**

在设备中安装温度传感器，以监测设备内部的温度变化。传感器可以是热电偶、热敏电阻或红外线温度传感器等。通过与控制系统连接，可以实时监测和记录设备的温度，以便及时进行调整和控制。

**3. 压力控制**

根据反应或分离的要求，通过调节系统压力来实现所需的效果。可以使用压力传感器来监测设备内的压力变化。控制系统可以根据传感器的反馈信号，调节泵、阀门或压力释放装置等，以控制设备的压力。

**4. 控制系统**

设备配备了控制系统，用于监测和调节温度和压力。控制系统可以是计算机控制的自动化系统或简单的手动控制面板。通过控制系统，操作人员可以设定、调整温度和压力的目标值，并实时监测设备的运行状态。

在操作过程中，操作人员需要密切关注温度和压力的变化，并根据实验要求进行相应的调整和控制。确保设备处于适当的温度范围内和压力条件下，以实现所需的热传递和分离。

## 四、流速调节

在微换热与微分离器设备中，流速的调节对于热传递和分离效果至关重要。通过调节泵速或微通道的设计来控制流速。根据反应物料的特性和需求，调节流速，以达到适当的混合和传质效果，确保反应或分离的高效进行。

**1. 泵速调节**

通过调节泵速来控制流速。设备中通常配备了可调节的泵，如蠕动泵、齿轮泵或柱塞泵等。通过调节泵的转速或流量，可以控制流体在设备中的流速。

**2. 微通道设计**

微分离器设备中的微通道结构可以根据需求进行设计和调节，以控制流速和流动方式。微通道可以通过改变宽度、深度、形状和布局等来调节流体的流速和流动方式。例如，增加通道的宽度或深度可以降低流速，而减小通道的宽度或深度则可以增加流速。

**3. 流速传感器**

设备中安装了流速传感器，用于实时监测流体的流速。流速传感器可以是旋转活塞式流量计、压差传感器或超声波流量传感器等。通过与控制系统的连接，可以实时监测和记录流速的变化，以便进行调整和控制。

**4. 混合效果和传质效果**

适当调节流速可以实现所需的混合效果和传质效果。较低的流速有助于混合和传质速度的提高，而较高的流速可以提供更快的热传递和分离速度。根据反应物料的特性和反应需求，选择适当的流速范围，以实现预期的混合和传质效果。

在操作过程中，操作人员需要根据反应或分离的要求，调节流速，以达到适当的混合和传质效果。同时，根据设备的要求和实验的特点，选择合适的流速范围，以确保反应或分离的高效进行。

## 五、实时监测和记录数据

在操作微换热与微分离器设备时，需要实时监测和记录关键参数，如温度、压力、流速和反应进程等。使用适当的传感器和仪器，确保数据的准确性和可靠性。通过实时监测和数据记录，可以评估设备性能，优化操作条件，并获得实验结果。

**1. 温度监测和记录**

通过在设备中安装温度传感器，可以实时监测反应或分离过程中的温度变化。温度传感器可以是热电偶、热敏电阻或红外线温度传感器等。通过将温度传感器与数据采集系统连接，可以实时记录温度数据，以便后续分析和评估。

**2. 压力监测和记录**

设备中的压力传感器可以用于监测反应或分离过程中的压力变化。压力传感器可以是压阻式传感器、压电传感器或压力变送器等。通过与数据采集系统连接，可以实时记录压力数据，并进行后续的数据分析和处理。

**3. 流速监测和记录**

设备中的流速传感器可以用于实时监测流体的流速。流速传感器可以是旋转活塞式流量计、压差传感器或超声波流量传感器等。通过将流速传感器与数据采集系统连接，可以实时记录流速数据，以评估和优化流体的流动性能。

**4. 反应进程监测和记录**

除了基本参数的监测外，还可以使用其他仪器和传感器来监测反应进程的其他相关参数，如pH值、浓度、反应物的消耗和产物的生成等。这些参数的监测可以通过各种分析仪器、传感器和探头（pH计、离子选择电极、光谱仪等）进行。

通过实时监测和记录关键参数，可以及时了解设备运行状态和反应或分离进程的变化。这些数据可以用于评估设备性能、优化操作条件，并为后续的数据分析和结果解释提供依据。同时，合理的数据记录也是实验的一部分，它可以为研究人员提供实验过程的详细记录，并使实验结果具有可追溯性。

在操作过程中，操作人员应根据实验需求和设备要求，选择适当的传感器和仪器，并确保其已经校准并能正常运行。同时，遵循操作指南和安全操作程序，保证操作人员的安全，并确保设备的正常运行和数据的可靠。

在操作常规微换热与微分离器设备时，需要熟悉设备的操作界面和控制系统。严格遵循操作指南和安全操作程序，确保设备的正常运行和操作人员的安全。通过合理的参数设置、准确的样品进样和收集、温度和压力的控制以及流速的调节，可以实现高效的热传递和物质分离过程。同时，实时监测和数据记录提供了对设备性能、实验结果的准确评估与分析。

## 第三节 微反应器的操作与安全知识

微反应器操作与安全知识涉及使用微反应器进行实验室工作时的操作技术和安全措施。这些知识对于保护实验人员的安全、确保实验结果的可靠性，以及设备的正常运行至关重要。在进行微反应器实验前，熟悉操作步骤和安全要求是必要的。

### 一、熟悉设备

在操作微反应器之前，了解和熟悉设备的结构、功能和操作界面是非常重要的。以下是展开论述设备熟悉和操作准备的关键方面。

**1. 设备结构和组件**

仔细阅读微反应器的操作手册和设备文档，了解设备的结构和各个组件的功能。熟悉反应器的外观、进样装置、加热或冷却系统、搅拌装置，以及温度、压力和流速控制系统等。

**2. 设备功能和操作方式**

了解设备的基本功能和操作方式。掌握如何启动和关闭设备，了解各个操作部件的作用和使用方法。熟悉控制面板、触摸屏或操作界面上的控制按钮、指示器和参数设置选项。

**3. 操作手册和培训**

认真阅读设备的操作手册、使用说明和安全注意事项，并确保理解其中的关键操作步骤和安全指导。参加相关的培训课程或由设备制造商提供的培训，以了解设备的正确操作和安全使用方法。

**4. 安全注意事项**

在熟悉设备时，要特别关注设备的安全功能、紧急停止按钮、防护装置和安全警报系统等。了解设备的安全注意事项，包括避免触摸高温部件、正确操作高压系统、避免化学品泄漏和防止设备故障等。

**5. 设备维护和保养**

了解设备的维护要求和保养程序。掌握设备的日常清洁方法和定期维护计划，包括更换耗材、检查和校准传感器、清理管路和检查密封件等。确保设备始终处于良好的工作状态，以提高操作的安全性和有效性。

**6. 操作规程和操作记录**

根据设备的操作手册和标准操作规程，制定清晰的操作步骤，并记录每次操作的详细参数和实验结果。确保操作的一致性和可追溯性，以便后续的分析、评估和改进。

通过对设备结构、功能和操作界面的深入了解，以及接受相关培训和掌握操作手册，可以有效提高操作微反应器的技能和安全意识。熟悉设备并遵循正确的操作步骤和安全注意事项，可以最大限度地减少操作错误和事故的发生，并确保实验的安全进行和成功。

## 二、个人防护装备

在进行实验室工作时，始终穿戴适当的个人防护装备，包括实验室外套、手套、护目镜和实验室鞋。这些装备可以使身体免受化学品、高温和其他潜在危险带来的伤害。

穿戴适当的实验室外套或实验服，以保护身体免受化学品的直接接触。外套应具有耐化学品的性能，并覆盖身体的大部分区域，包括胸部、腰部和腿部。佩戴合适的手套以使手部免受化学品和其他危险物质带来的伤害。选择与实验操作相适应的手套材料（如乳胶、氯丁橡胶、聚乙烯等），并确保手套适合手部尺寸。佩戴护目镜以使眼睛免受化学品飞溅，以及颗粒物或其他危险物质带来的伤害。选择合适的护目镜（如防护眼镜或化学防护面罩），并确保其覆盖眼部的所有区域。穿戴合适的实验室鞋（如实验室专用鞋或耐化学品的工作靴），以使脚部免受化学品泼溅，以及尖锐物体或滑倒带来的伤害。根据实验工作的特殊需求，可能需要额外的个人防护装备（如面罩、防护服、耳塞等）。根据实验操作的风险评估，选择适当的装备来保护身体健康。

穿戴适当的个人防护装备是实验室工作的基本要求之一，它能提供额外的保护，减少潜在风险对人体的伤害。始终牢记个人安全的重要性，并在实验室工作中坚持正确的安全操作措施。

## 三、安全操作

遵循实验室的安全操作规程，包括正确地操作和处理化学品、避免交叉污染、正确处理废弃物等。确保实验室台面整洁、有序，并且正确使用实验室设备和工具。

**1. 正确操作和处理化学品**

了解每种化学品的性质、危险性和正确的处理方法。正确地使用量杯、瓶口滴管等仪器来处理和测量化学品。遵循准确的配制和混合方法，避免过量使用或混合错误。

**2. 避免交叉污染**

在进行实验操作之前，要清洁和准备实验台面和器材。使用干净的试剂瓶等工具，并确保正确地标记和储存化学品。避免使用污染的器材或将化学品交叉污染到其他容器中。

**3. 正确处理废弃物**

正确处理废弃物，包括化学废液、一般废液、废气和固体废物。按照实验室的废弃物管理规程，将废弃物放入适当的容器中，标记容器并储存，交由专门机构进行处理。避免将废弃物倾倒在下水道或普通垃圾桶中。

**4. 保持实验台面整洁有序**

保持实验台面的整洁和有序，确保没有杂物或其他危险物品妨碍实验操作。在实验完成后，及时清理实验台面和工具，确保实验环境的整洁和安全。

**5. 正确使用实验室设备和工具**

正确使用实验室设备和工具（如加热器、搅拌器、离心机等）。遵循操作手册和使用说明书，确保正确操作并避免不必要的风险。

遵循实验室的安全操作规程，不仅可以保护自己的安全，还能保护其他实验室人员和实验环境的安全。始终牢记实验室安全的重要性，并确保每个实验操作都符合正确的安全标准和要求。

## 四、温度和压力控制

在微反应器中，严格控制温度和压力非常重要。要确保设备的温度传感器和控制器能够正常工作，并定期校准和检查设备，以确保其准确性。同时，确保设备能够承受所需的压力范围，并符合操作指南中的压力要求，不超过压力极限。

**1. 温度控制**

检查设备的温度传感器和控制器能否正常工作。定期进行校准和检查，确保温度读数准确。根据实验要求，选择合适的加热源和控制方法。常见的加热源包括加热器、热板、热油浴等。在操作过程中，使用恒温槽、热传导介质或循环水等辅助控制温度。根据需要调节加热功率或冷却速率，以维持所需的温度范围。注意避免温度突变和过高的温度，这可能导致反应失控或设备损坏。遵循操作指南中的温度限制，并根据反应要求设置温度梯度或改变温度。

**2. 压力控制**

在操作微反应器时，确保设备能够承受所需的压力。检查设备的压力传感器和控制器能否正常工作，并定期校准和检查。首先，熟悉操作指南中的压力限制和安全措施。不要超过设备的压力承受能力，并根据需要调整压力控制参数。其次，使用适当的安全阀或泄压装置，以防止设备压力过高而引发危险情况。确保安全装置能够正常、有效地工作。注意防止压力突变和压力过高，这可能导致设备破裂或反应失控。根据操作要求和反应过程，适时调整操作条件和压力控制。

在操作微反应器设备时，严格控制温度和压力是确保反应成功和设备安全的关键。遵循操作指南和安全操作程序，并随时注意设备的温度和压力变化，以便及时调整和控制。在进行微反应器实验之前，必须充分了解设备的温度和压力控制系统，以确保实验的顺利进行。

## 五、操作技巧

掌握微反应器的操作技巧，包括准确地测量和加入反应物料、调节流速、观察和记录实验过程等。遵循操作步骤和操作指南，确保操作的准确性和一致性。

**1. 反应物料的测量和加入**

使用准确的称量器具，如天平或移液器，对反应物料进行精确测量。遵循操作指南中规定的计量单位和测量精度。尽量避免测量误差和反应物料交叉污染。每次使用前，都要清洁和校准测量器具，确保准确的测量结果。在加入反应物料时，注意逐渐加入并避免剧烈喷溅。确保反应物料均匀地混合并分散在反应器中。

**2. 流速的调节**

根据实验要求和反应特性，调节流速，以控制反应过程。使用适当的泵或流量控制器，根据操作指南中规定的流速范围进行调节。注意避免流速过高或过低，以防止混合不均匀或反应物料的储积。根据反应要求和设备的设计，选择合适的流速，以实现所需的混合效果和传质效率。

**3. 观察和记录实验过程**

在实验过程中，密切观察和记录关键参数，如温度、压力、流速和反应时间等。使用适当的仪器和传感器进行实时监测，并将数据准确地记录下来。注意观察反应物料的状态和变化，如颜色变化、气体释放等。及时记录这些观察结果，以便后续的数据分析和解释。在记录实验过程中，使用标准化的记录表格或实验笔记本，并遵循实验室的记录规范和操作程序标准。

通过掌握微反应器的操作技巧，如准确测量和加入反应物料、调节流速、观察和记录实验过程，可以确保实验的准确性和一致性。遵循操作指南和安全操作程序，以保证实验的顺利进行，并获得可靠的实验结果。在进行微反应器实验之前，充分熟悉设备的操作步骤和操作技巧，并不断积累经验并提升操作技能。

## 六、废弃物处置

遵循正确的废物处置程序，正确分类和处置废弃物。有害废物应根据相关法规进行妥善处理，以减少对环境和人体的危害。

**1. 废弃物分类**

根据废弃物的性质和特点，将废弃物正确分类。常见的分类包括有害废物、可回收废物和一般废物。有害废物是指对环境和人体有潜在危害的废物（如化学品废液、废溶剂和过期药品等）。可回收废物包括可再利用的废纸、塑料、玻璃等。一般废物是指不能归类为有害废物或可回收废物的一般生活垃圾。

**2. 废弃物储存**

根据实验室安全规定和废弃物管理政策，储存废物时，应使用符合要求的容器和标识。有害废物应储存在密封的容器中，并确保容器上标明有害性质、化学成分和警示标识。废弃物储存区域应远离易燃物和可燃气体，防止火灾和爆炸发生。

**3. 废弃物处理**

根据当地法规和政策，将废弃物交付给授权的废弃物处理机构或使用专门的废弃物处理设施进行处理。有害废物应交由合格的废弃物处理公司进行处理，以确保符合环境和安全标准。可回收废物应进行适当的回收处理，以减少资源的浪费和环境的负担。一般废物可以按照当地的垃圾分类和处理规定进行处理。

**4. 接受废弃物管理培训**

实验室人员应接受废弃物管理培训，并了解实验室的废弃物处置政策和程序。学习正确的废弃物分类、储存和处置的方法，并掌握正确的废弃物标识和记录要求。

正确的废弃物处置可以减少环境污染和人体健康风险。遵守当地法规和政策，采取适当的废弃物分类、储存和处置措施，确保废弃物得到合理和安全的处置。在进行微反应器实验之前，要了解实验室的废弃物管理政策和程序，并严格遵守相关要求。

## 七、紧急情况与应急措施

了解实验室内的紧急情况（火灾、泄漏、意外伤害等）和应急措施。熟悉实验室的紧急出口和应急设备，并参加紧急培训，以便在发生紧急情况时，保持冷静，并迅速采取适当的措施。

**1. 火灾安全**

熟悉实验室内的灭火器和灭火系统的位置，并了解其正确使用方法。在实验室中使用易燃和可燃物品时，确保适当通风并避免与明火接触。定期检查实验室的火灾报警系统，并确保其正常工作。在发生火灾时，立即采取逃生措施，按照紧急出口指示迅速离开实验室，并通知相关人员。

**2. 泄漏安全**

在使用化学品时，应确保容器密封良好，以避免泄漏。遵守化学品的正确储存和使用规定，避免混合不当和泄漏。在使用化学品时，始终穿戴个人防护装备，并确保有适当的通风系统。如果发生泄漏，立即采取适当的应急措施（如停止泄漏源、使用吸收剂、清理泄漏物等）。

**3. 意外伤害安全**

了解实验室中的紧急出口和安全设施，并有清晰的逃生路线。在实验过程中，注意个人安全，避免尖锐器械的误伤、热源的烫伤等。遵守实验室的安全规定（如禁止单独工作，合理使用实验设备等）。如果发生意外伤害，那么应立即采取适当的急救措施，并通知实验室管理人员或相关人员。

**4. 应急培训和演练**

参加实验室的应急培训和演练，了解应急程序和正确的应对方法。熟悉紧急出口、紧急电话号码以及紧急设备的位置和使用方法。定期进行应急演练，以检验应急准备程度和团队合作能力。

在实验室操作中，应始终保持警觉和冷静，并遵循实验室的安全规定和程序。了解紧急情况下的应急措施，并积极参与应急培训和演练，以提高应急响应能力。在紧急情况下，确保自身安全和他人安全是最重要的。

总之，操作微反应器时，要遵循安全操作规程，熟悉设备的操作和性能，正确选择个人防护装备，并严格控制实验参数和环境条件，以确保实验的安全性和有效性。同时，时刻保持警惕，及时处理紧急情况，并遵守实验室的安全标准和规定。

## 第四节　均相体系微反应连续流合成技术

均相体系微反应连续流合成技术是一种在微尺度上进行化学合成的方法，其中反应物料以连续流的形式输入微反应器中进行反应。这种技术具有许多优势，如高效性、可控性和可扩展性，这使得它在化学合成领域受到广泛关注和应用。

在均相体系微反应中，所有反应物料都以液态形式存在，无明显的相分离问题。这使得反应物料的混合、传质和反应更加均匀和高效。通过微反应器的微通道结构，可以实现快速的传质和高度发达的表面积的反应接触，提高反应速率和转化率。

均相体系微反应连续流合成技术具有以下几个关键方面的操作技术。

### 一、微反应器的设计和制备

微反应器通常采用微流控技术来制备，其中微通道的尺寸和结构可以根据反应要求进行定制。微反应器的设计应考虑反应的温度、压力、混合和传质要求，以及可控性和可观测性等因素。

在微反应器的设计过程中，需要考虑多个关键因素。首先是反应的温度控制。微反应器通常配备了加热和冷却系统，以便对反应温度进行精确控制。这可以通过集成加热电阻、热电偶或热敏电阻等元件来实现。通过调整加热功率和冷却速率，可以实现所需的反应温度。其次是反应的压力控制。微反应器中的压力可以通过微通道的设计和阀门的控制来调节。通过微型压力传感器对反应压力进行实时监测，并使用反馈控制系统来维持所需的压力范围。

混合和传质也是微反应器设计中的重要考虑因素。微通道的设计可以通过引入多个分支或旋转结构来增强混合效果。此外，还可以通过使用微型搅拌器、超声波或电场等外部刺激来增加混合效果。

为了实现可控性和可观测性，微反应器通常配备了传感器和检测设备。这些设备可以监测反应物料的浓度、pH值、流速等关键参数，并实时提供反馈信息。通过与控制系统的集成，可以实现对反应过程的实时监控和调节。

微反应器的设计需要综合考虑反应的温度、压力、混合和传质要求，以及可控性和可观测性等因素。通过微流控技术，可以定制微通道的尺寸和结构，以满足特定反应的需求。这种定制化的设计为高效、可控的微反应提供了良好的平台，促进了化学合成的发展和应用。

## 二、反应物料的连续供给

在均相体系微反应连续流合成技术中，反应物料通过微量泵、注射器或其他类似的装置以恒定的流速连续供给到微反应器中。流速的精确控制对于反应的均匀性和稳定性至关重要。

第一种常用的流速控制方法是使用微量泵。微量泵可以通过调整泵的工作参数，如泵速、泵头直径，来控制反应物料的流速。微量泵通常具有高精度和稳定性，能够提供精确的流量控制，以满足不同反应的要求。

第二种流速控制方法是通过微通道的设计来实现的。微通道可以根据需要进行定制，包括通道的尺寸、形状和长度等。通过调整微通道的尺寸和形状，可以调节反应物料在通道中的流速。例如，缩小通道的横截面积或增加通道的弯曲程度，可以增加阻力，从而减慢流速。相反，增大通道的横截面积或减少通道的弯曲程度可以加快流速。

流速的控制对于均相体系微反应连续流合成技术的成功非常重要。精确控制流速可以保持反应物料在微反应器中的均匀分布，使得反应过程更加均匀和稳定。此外，控制流速还可以调节反应的速率和反应物料的停留时间，进一步优化反应条件。

需要注意的是，流速的控制不仅仅是调整泵速或微通道的设计，还需要考虑反应物料的性质和反应条件的要求。根据具体反应的需要，选择合适的流速范围，并进行适当的实验验证和调节，以确保流速的准确性和稳定性。

流速的控制是均相体系微反应连续流合成技术中的关键操作之一。通过微量泵或微通道的设计，可以实现对反应物料流速的精确控制，以确保反应的均匀性和稳定性。流速的控制对于实现高效、可控的微反应合成具有重要意义。

## 三、温度和压力的控制

微反应器中的温度和压力需要精确控制，以保持反应在所需的温度范围内和压力条件下进行。这可以通过加热或冷却系统和压力控制装置实现。

温度控制是微反应器中的关键操作之一。通过加热或冷却系统，可以向微反应器提供所需的热量或冷却介质，以调节反应的温度。加热系统通常包括加热元件（如加热板或加热带）和温度传感器（如热电偶或红外温度计），用于提供和监测反应温度。冷却系统通常通过循环冷却液或冷却气体来控制反应温度。通过调节加热或冷却系统的参数，如功率、温度设置和冷却速率等，可以精确地控制微反应器中的温度。

压力控制是微反应器中另一个关键操作。压力控制通常凭借压力传感器和压力控制装置实现。压力传感器用于实时监测微反应器中的压力变化，而压力控制装置则根据设定值调节气体或液体的进出量，以保持反应器中的压力稳定。压力控制装置可以是手动控制或自动控制，具体取决于实验需求和设备的功能。通过精确控制压力，可以确保反应器中的反应物料保持在所需的压力条件下进行反应。

在微反应器操作过程中，温度和压力的精确控制不仅可以达到所需的反应条件，还可以提高反应的选择性、产率和安全性。通过合适的仪器和设备，及时校准和校验温度和压力传感器，可以确保温度和压力的准确性和稳定性。此外，应对微反应器及时进行维护和保养，确保加热或冷却系统和压力控制装置的正常工作，以提高微反应器的可靠性和安全性。

微反应器中的温度和压力控制对于达到所需的反应条件至关重要。通过适当的加热或冷却系统和压力控制装置，可以实现对温度和压力的精确控制，以满足微反应合成的要求。温度和压力的精确控制不仅有助于提高反应的效果和产率，还可以确保实验的可重复性和安全性。

## 四、反应监测和数据记录

在连续流合成过程中，需要实时监测和记录关键参数，如温度、压力、流速和反应进程等。使用传感器和数据记录设备，可以实时获得反应的动态信息，以评估反应的进展和控制反应的质量。

温度是第一个关键的参数，连续流合成过程需要实时监测和控制温度。通过温度传感器，可以实时测量反应器中的温度变化，并将数据传输给数据记录设备进行记录和分析。温度数据的监测和记录可以用于评估反应的热力学特性，观察反应速率的变化，确定适当的温度条件以实现所需的反应效果。

压力是第二个关键的参数，连续流合成过程需要密切监测压力。通过压力传感器，可以实时测量反应器中的压力变化，并将数据记录下来。压力数据的监测可以用于评估反应的动力学特性，检测可能存在的压力波动或异常情况，并采取必要的措施进行调整和控制。

流速是第三个关键的参数，它对于连续流合成过程中反应物料的供给和混合非常关键。通过流速传感器，可以实时监测反应物料的流速，并将数据记录下来。流速数据的监测可以用于评估反应物料的供给稳定性，观察可能的流速变化，并帮助调整和控制反应过程中的物料输送。

除了温度、压力和流速，还有其他关键参数需要进行实时监测和记录，如反应时间、浓度、pH值等。这些参数的监测可以提供反应进程的详细信息，从而帮助优化反应条件，确定最佳操作参数，并评估反应的效果和产物的质量。

数据记录设备可以是计算机、数据采集系统或专门的记录仪器，用于存储和分析监测到的参数数据。通过对数据进行分析和解释，可以对反应进程有深入理解，并作出相应的调整和改进。

在连续流合成过程中，实时监测和记录关键参数是至关重要的。通过使用传感器和数据记录设备，可以获得反应的实时动态信息，评估反应的进展和质量，并进行必要的调整和控制。这有助于实现连续流合成的高效性、可控性和可重复性，并最终获得优质的产物。

### 五、产物收集和分离

在连续流合成中，产物的采集是一个重要的步骤，它可以通过连续收集或分离的方式进行。根据实验需求和产物的性质，可以选择适当的分离技术，以获得所需纯度和净度的产物。

一种常用的分离技术是连续蒸馏。在连续流合成中，通过控制温度和压力梯度，在蒸馏柱中实现对产物的分馏。较轻的组分会蒸发并被收集在顶部，而较重的组分则会被收集在底部。这种方法适用于具有不同沸点的组分，并且可以在连续流的条件下实现高效地分离。

另一种常用的分离技术是连续萃取。通过将产物与另一种溶剂（通常是不相溶的）进行接触，利用它们在不同溶剂中的相溶性差异来分离组分。在连续流合成中，可以使用液液萃取装置，使产物与溶剂相接触并进行分离。这种方法适用于具有不同亲和性和分配系数的组分，可以实现高效地连续分离。

此外，连续析出也是一种常见的分离技术。控制反应条件使产物在连续流合成过程中发生析出或结晶反应，然后通过过滤或离心等操作将固体产物分离出来。这种方法适用于有固体产物形成的反应，并可以实现连续地固液分离。

选择适当的分离技术需要考虑产物的性质、分离效率和工艺要求。在连续流合成过程中，连续收集或分离可以实现高效、连续和自动化的分离过程，从而提高反应的产率和纯度。根据具体的实验需求，可以灵活选择和组合不同的分离技术，以获得所需的产物纯度和净度。

均相体系微反应连续流合成技术提供了高效、可控的化学合成方法，可用于快速合成和优化复杂化合物，加快反应速率和提高产物纯度。这种技术具有很大的应用潜力，可在药物合成、催化反应和材料科学等领域中发挥重要作用。

## 第五节　多相体系微反应连续流合成技术

多相体系微反应连续流合成技术是一种在微反应器中处理多相反应体系的方法。它广泛应用于涉及液相-液相、气相-液相或固相-液相反应的领域。这种技术通过精确的温度、压力和流动控制，实现多相反应的高效合成和分离。

多相体系微反应连续流合成技术是一种在微反应器中进行多相反应的高效方法。它结合了微流控技术和多相反应的特点，利用微小的反应通道和精确的流动控制，实现了对多相体系的高效操控和优化。

在多相体系微反应连续流合成技术中，涉及两种或多种不同相态的反应物和溶剂，例如液相-液相、气相-液相或固相-液相等。这些相之间的接触和反应发生在微反应器内的微通道中。

首先，需要设计和制备合适的微反应器，其中微通道的结构和尺寸需要根据反应的性质和需求进行优化。微通道的尺寸通常在微米到毫米级别，具有高度发达的表面积和优良的传质性能。在操作时，通过微量泵、注射器或气体控制装置等设备将反应物料按照精确的比例和流速输入微反应器。控制流速的准确性对于反应的均匀性和稳定性非常重要，可以通过调整泵速或微通道的设计来实现。

其次，温度和压力的控制也是关键。通过加热或冷却系统和压力控制装置，可以精确调节微反应器中的温度和压力条件，以满足多相反应的要求。温度和压力的精确控制有助于提高反应速率、选择性和产物质量。在反应过程中，需要实时监测和记录关键参数，如温度、压力、流速和反应进程等。这可以通过传感器和数据记录设备来实现，以获得反应的实时动态信息。准确的数据记录和监测可以帮助评估反应的情况，并进行实时调控和优化。

最后，根据实验需求，可以选择适当的分离技术来收集和纯化产物。常用的分离技术包括蒸馏、萃取、析出等，可以根据反应体系的性质和产物的特性选择合适的方法进行分离和纯化。

多相体系微反应连续流合成技术通过微反应器的微流控和精确控制，实现了多相反应的高效合成和分离。它具有反应条件可控、反应速率高、产物质量优良等优点，被广泛应用于化学合成、催化反应和材料科学等领域。

# 第四章　有机化合物物理常数测定与结构分析鉴定

有机化合物的物理常数测定与结构分析鉴定是确定有机化合物的性质和结构的重要手段。通过测定化合物的物理性质（如熔点、沸点、密度等），以及进行结构分析鉴定（如红外光谱、质谱、核磁共振等技术），可以确定有机化合物的组成、结构和基团等关键信息。

## 第一节　有机化合物物理常数测定

有机化合物物理常数测定是用于确定化合物的物理性质（如熔点、沸点、密度、折射率等）的一种常用方法。这些物理常数提供了有机化合物的基本特征和性质，对于确定化合物的纯度、稳定性以及与其他物质的相互作用具有重要意义。

### 一、熔点测定

熔点是指物质从固态转变为液态的温度。熔点测定可用于确定化合物的纯度和判断其结晶性质。常用的熔点测定方法是观察样品在熔点装置中的熔化过程，记录熔点的温度范围。熔点测定的过程通常使用熔点装置或熔点仪进行。下面是熔点测定的基本操作步骤。

第一，准备样品。将待测化合物准备成适当的形态，如粉末、晶体或小颗粒，并确保样品的纯度和干燥程度。第二，装填样品。将样品均匀地装填到熔点装置的熔点管或熔点盖板上。注意避免样品堆积或分布不均匀。第三，加热。将熔点装置加热，使样品逐渐升温。观察样品的熔化过程，通常可通过显微镜或放大镜来观察。第四，记录熔点。在样品开始熔化时，记录下温度，即初熔点。继续加热，直到样品完全熔化并保持液态，记录下温度，即终熔点。第五，测定结果。熔点测定通常报告为初熔点和终熔点的范围。一个纯净的化合物通常具有较窄的熔点范围，而杂质的存在会导致熔点范围增加或熔点降低。

通过熔点测定，可以判断化合物的纯度和结晶性质。纯度高的化合物通常具有较窄的熔点范围，并且在一定温度范围内准确熔化。而熔点的降低或熔点范围的扩大则表明化合物的纯度较低。

此外，熔点还可用于确定有机化合物的结晶性质。结晶性质是指化合物在结晶过程中形成晶体的能力。高结晶性的化合物通常具有明确的熔点，并能够在适当的条件下形成良好的晶体。

熔点测定是一种简单而有效的方法，用于确定化合物的纯度和结晶性质。通过测定和比较熔点数据，可以对化合物的性质和品质进行初步评估和鉴定。

## 二、沸点测定

沸点是指物质在给定压力下从液态转变为气态的温度。沸点测定可以用于确定化合物的纯度和判断其挥发性。常用的沸点测定方法是使用沸点装置（其中包括加热设备、温度传感器和观察装置），在恒定的压力下观察样品的沸腾现象，记录沸点的温度。下面是沸点测定的基本操作步骤。

将待测化合物准备成适当的形态，如液体或溶液，并确保样品的纯度和干燥程度。如果样品是固体，可以先将其溶解于适当的溶剂中。然后将样品放置在沸点装置中的样品容器中。确保容器密封良好，以防止溢出或挥发。通过加热设备对样品进行加热，温度逐渐升高，直到样品开始沸腾。观察样品表面气泡的形成和冒出，以判断是否达到沸点。在样品开始沸腾时，记录下温度，即沸点。为了获得更准确的沸点值，可以在沸腾持续一段时间后再记录温度。沸点测定通常报告为一个具体的温度值。纯净的化合物通常具有确定和一致的沸点。杂质的存在或化合物的不纯都可能导致沸点升高或降低，并可能导致沸点范围变得宽广。

通过沸点测定，可以判断化合物的纯度和挥发性。高纯度的化合物通常具有较窄的沸点范围，并且在一定温度范围内准确沸腾。而沸点的升高或降低则表明化合物的纯度较低。

需要注意的是，沸点的测定结果受环境压力的影响。在通常情况下，沸点（常压沸点）的测定都在标准大气压下进行。如果需要在其他压力下测定沸点，需要使用适当的装置和校正方法。

## 三、密度测定

密度是指物质的质量与体积的比值。密度测定可以用于确定物质的纯度、浓度以及与其他物质的相互作用。常用的密度测定方法是使用密度计或比重瓶，测量样品的质量和体积，计算出密度值。下面是密度测定的基本操作步骤。

将待测样品准备成适当的形态，如固体、液体或气体。确保样品的纯度和干燥程度。对于液体样品，可以使用密度计进行测定。将样品倒入密度计的容器中，并确保容器密封良好。通过密度计的传感器测量样品的质量和体积，计算得出密度值。对于固体样品或液体样品，可以使用比重瓶进行测定。首先称量一个干燥的比重瓶，并记录其质量。然后，将样品加入比重瓶中，记录加入样品前后的比重瓶质量差。同时，记录比重瓶的容量。根据测得的质量和体积数据，使用密度的计算公式计算出密度值。对于液体样品，密度的计算公式为：密度=质量/体积。

密度测定可以用于确定物质的纯度、浓度和与其他物质的相互作用。纯净的物质通常具有确定的密度值，而杂质的存在会引起密度的变化。密度测定还可以用于识别和区分不同物质，因为不同物质具有不同密度。

需要注意的是，密度的测定受温度和压力的影响。在通常情况下，密度测定都在标准条件下进行，即在特定温度和压力下进行测定。如果需要在不同温度或压力下进行密度测定，则需要进行修正和校正。

## 四、折射率测定

折射率测定是一种常用的物理常数测定方法，用于确定物质对光线的折射性质。折射率是指光线从一种介质射入另一种介质时发生的折射现象，它反映了介质对光的传播速度的影响。常用的折射率测定方法是使用折射计（或称折射仪）。下面是折射率测定的基本操作步骤。

将待测样品准备成适当的形态，如固体、液体或气体。确保样品的纯度和干燥程度。在进行折射率测定之前，需要先进行零点校准。将纯净的溶剂或参考物质放入折射计的样品槽中，调零仪器。将待测样品放入折射计的样品槽中，确保样品与仪器接触良好。观察仪器的读数，记录样品的折射率值。根据仪器的使用说明和校准曲线，对测得的折射率值进行必要的校正。校正可以根据样品的特性和仪器的规格进行。

折射率的测定结果可以用于确定物质的折射性质和判断物质纯度。纯净的物质通常具有确定的折射率值，而杂质的存在会引起折射率的变化。折射率还可以用于鉴定和区分不同物质，因为不同物质具有不同的折射率。

折射率的测定受温度、波长和压力的影响。在通常情况下，折射率测定都在标准条件下进行，即在特定温度、波长和压力下进行测定。如果需要在不同条件下进行折射率测定，则需要进行修正和校正。

## 五、溶解度测定

溶解度是指物质在特定温度和压力下在溶剂中溶解的能力。溶解度测定可以用于确定物质在溶剂中的溶解性和溶解度曲线。常用的溶解度测定方法包括饱和溶解度法（逐渐添加溶质到溶剂中）和浓度测定法，观察溶解过程，确定溶解度的极限值。以下是这两种方法的基本操作步骤。

**1. 饱和溶解度法**

选择适当的溶剂，根据待测物质的性质和溶解度范围，确保溶剂的纯度和干燥程度。逐渐向溶剂中加入溶质，同时搅拌或加热溶液，直到达到饱和溶解度，即不再有溶质溶解。将饱和溶液进行过滤或离心，以去除未溶解的溶质颗粒。对过滤或离心后的溶液进行定量分析，可以通过测量溶质的浓度或使用适当的分析技术（如光谱分析、色度法等）进行定量测定。

**2. 浓度测定法**

对待测溶液进行适当地稀释，但要使其处于可检测范围内。使用适当的分析技术（如色度法、光谱分析、重量法等），对稀释后的溶液进行定量测定，确定溶质的浓度。根据稀释后的溶液中溶质的浓度和溶剂的体积，计算溶解度。

溶解度测定需要考虑实验条件，如温度、压力、搅拌速度等。这些因素对于溶解度的测定结果有重要影响，因此需要根据实验要求和物质特性，选择适当的条件进行测定。

溶解度的测定结果可以用于了解物质的溶解行为、热力学特性以及溶质和溶剂之间的相互作用。对于药物研究、材料科学、环境监测等领域，溶解度的测定具有重要的实际应用价值。

溶解度测定是一种重要的物理常数测定方法，用于确定物质在特定条件下在溶剂中的溶解性和溶解度曲线。通过准确测定溶解度，可以了解物质的溶解行为及其与溶剂之间的相互作用，为物质的应用和研究提供基础数据支持。

通过测定这些物理常数，可以确定有机化合物的性质和特征，进一步辅助结构鉴定。这些常数与有机化合物的结构、官能团和分子间相互作用有密切关系，对于确定化合物的纯度、稳定性、物理行为和化学反应具有重要意义。

## 第二节　红外光谱技术

红外光谱技术是一种分析技术，用于研究化学物质的分子结构和化学键。它基于物质对红外辐射的吸收特性，通过记录和分析样品在红外波长范围内的吸收谱图来获取信息。以下是红外光谱技术的主要内容。

### 一、红外辐射

红外辐射是指波长介于可见光和微波之间的电磁辐射，具有较长波长和较低能量。根据波长的不同，红外辐射可分为近红外（NIR）、中红外（MIR）和远红外（FIR）三个区域。

**1. 近红外（NIR）**

近红外区域波长较短，能量较高，对应的波数范围为12500 $cm^{-1}$到4000 $cm^{-1}$。近红外光谱对于分析有机物和无机物的基本结构非常有用，如检测官能团、分析聚合物和研究生物分子等。

**2. 中红外（MIR）**

中红外区域波长介于近红外和远红外之间，对应的波数范围为4000 $cm^{-1}$到400 $cm^{-1}$。中红外光谱是最常用和广泛应用的红外光谱区域，可用于确定化学物质的结构和功能基团。它能提供化学键（如C—H、O—H、C═O、C—N等）振动的信息。

**3. 远红外（FIR）**

远红外区域波长最长，能量最低，对应的波数范围为400 $cm^{-1}$到10 $cm^{-1}$。远红外光谱主要用于研究晶体结构和分析固体材料的晶格振动模式。

红外辐射的三个区域在分析应用上各有特点。近红外主要用于生物医学、食品、农业和药物等领域的分析；中红外是最常用的红外光谱区域，适用于有机化合物和聚合物的结构分析；远红外则用于无机化合物和晶体材料的研究。

红外光谱技术在化学、材料科学、制药和环境领域等具有广泛的应用。通过分析样品在不同波数下的红外光吸收情况，可以获得关于样品中化学键和官能团的信息，从而进行结构鉴定、质量控制、反应监测和材料表征等工作。

## 二、吸收谱图

红外光谱仪测量的结果是样品在红外辐射下的吸收谱图。谱图的横坐标可以表示为波数或波长，纵坐标表示吸收强度或透射率。

在红外光谱中，化学键对特定频率的红外辐射具有吸收能力。当红外辐射通过样品时，样品中的化学键会吸收特定频率的红外光，导致谱图上出现吸收峰。吸收峰的位置、强度和形状与样品中存在的化学键和官能团有关。

红外光谱的吸收峰可以提供丰富的化学信息，如不同类型的化学键在红外光谱中具有特定的吸收峰位置和强度。通过比对谱图中的吸收峰与已知化合物的红外光谱库进行对比，可以确定样品中存在的化学键类型。吸收峰的形状可以提供有关官能团的信息。例如，羰基官能团会在红外光谱中显示出锐利的吸收峰，而羟基官能团则可能显示出宽峰。吸收峰的强度可以与样品中不同官能团的相对含量相关联。通过比较吸收峰的相对强度，可以对样品中不同官能团的含量进行定性或定量分析。

通过对红外光谱的解读和分析，可以确定有机化合物的结构和官能团，验证合成产物的纯度，鉴定未知化合物，以及进行质量控制和反应监测等工作。此外，红外光谱还可以用于研究材料的物理性质和分析环境中的化学物质等方面的应用。

## 三、波数与化学键

在红外光谱中，不同类型的化学键对应着特定的振动模式和频率。各种化学键和官能团在红外光谱中显示出特定的吸收峰，这些峰的位置和形状提供了关于样品中化学键和官能团的信息。

以下是一些常见化学键和官能团的红外吸收峰位置和对应的振动模式。

**1. C—H键振动**

C—H键通常在3000 $cm^{-1}$到2800 $cm^{-1}$之间吸收。不同类型的C—H键振动模式包括对称拉伸、非对称拉伸、弯曲等。

**2. C═O键振动**

C═O键通常在1800 $cm^{-1}$到1650 $cm^{-1}$之间吸收。不同官能团中的C═O键振动模式有不同的频率，如羰基、醛基、羧基等。

**3. O—H 键振动**

O—H 键通常在 3700 $cm^{-1}$ 到 2500 $cm^{-1}$ 之间吸收。O—H 键振动包括对称拉伸、非对称拉伸和弯曲。

**4. N—H 键振动**

N—H 键通常在 3500 $cm^{-1}$ 到 3300 $cm^{-1}$ 之间吸收。N—H 键振动包括对称拉伸、非对称拉伸和弯曲。

**5. C═C 键振动**

C═C 键通常在 1680 $cm^{-1}$ 到 1600 $cm^{-1}$ 之间吸收。C═C 键的振动模式包括拉伸和弯曲。

除了上述常见的化学键振动，还有许多其他官能团和化学键在红外光谱中具有特定的吸收峰。通过比对样品的红外光谱与已知化合物的光谱数据库或参考文献中的数据，可以确定样品中存在的化学键和官能团。

需要注意的是，对红外光谱的解读需要综合考虑各个吸收峰的位置、形状和相对强度。不同官能团之间的相互作用、共振效应和结构环境都可能影响红外光谱的特征。因此，准确的解读需要结合其他分析技术和化学知识进行综合分析。

## 四、样品制备

样品的制备对于红外光谱分析非常重要。固体样品通常以压片或溴化钾压片的形式制备，液体样品可以直接滴在透明的红外吸收材料上，气体样品则需要使用透明的气体吸收池。制备过程需要注意对样品均匀性和厚度的控制，以确保获得准确的谱图。

**1. 固体样品制备**

对于固体样品，常用的制备方法是制备压片或溴化钾压片。首先，将样品与适当的稀释剂（如无水溴化钾粉末）混合均匀，然后在压片机中施加适当的压力，将混合物压制成薄片。压片时要注意确保样品均匀分布，避免局部浓度过高或过低。制备好的压片或溴化钾压片应具有适当的透明度和一定的厚度，以确保适当的光路径通过样品。

**2. 液体样品制备**

对于液体样品，可以直接将其滴在透明的红外吸收材料（如盐片或液体电池）上。滴液时要注意控制滴液量，使其均匀分布在样品区域，避免过多的溶液积聚。此外，还需要注意样品的挥发性，避免样品过快挥发导致浓度变化。

**3. 气体样品制备**

对于气体样品，需要使用透明的气体吸收池。将气体样品通过采样器或进样口引入气体吸收池中，使其与透明窗口接触，以便光线透过样品。在制备气体样品时，需要注意保持恒定的温度和压力条件，以获得稳定的光谱信号。

无论是固体、液体，还是气体样品制备，关键都是确保样品的均匀性和适当的厚度。不均匀性可能导致吸收峰的形变或强度不均，而过厚或过薄的样品可能影响光线的透过和吸收效果。因此，在样品制备过程中，需要仔细控制样品的分布和厚度，以确保获得准确、可重复的红外光谱图。

此外，还需要注意样品的处理和存储条件，以避免样品受到湿气、光照或污染物的影响。保持样品的纯净和干燥状态可以确保获得可靠的红外光谱分析结果。

### 五、结构分析和鉴定

红外光谱技术可用于化合物结构的确定和鉴定。通过与已知化合物的光谱进行比对，可以对未知化合物进行鉴定和定性分析。此外，红外光谱还可用于跟踪化学反应的进程、检测官能团的存在以及评估样品的纯度等。

**1. 结构鉴定和定性分析**

红外光谱可以用于确定化合物的结构和进行定性分析。不同化学键和官能团在红外光谱图中表现出特定的吸收峰，这些吸收峰的位置和强度提供了有关化合物结构的信息。通过与已知化合物的光谱进行比对，可以对未知化合物进行鉴定和推断其结构。

**2. 反应监测和进程控制**

红外光谱可用于实时监测化学反应的进程和反应物的消耗。通过定期采集红外光谱，可以了解反应物料的转化率、中间产物的生成以及产物的积累情况。这有助于调整反应条件、优化反应参数和控制反应的进程。

**3. 官能团的检测**

红外光谱可以用于检测样品中存在的官能团，如羟基、羰基、羧基等。不同官能团对应着特定的红外吸收峰，通过观察和分析这些吸收峰的位置和强度，可以确定样品中官能团的存在与数量。

**4. 纯度评估**

红外光谱可用于评估样品的纯度和杂质的存在。纯净的化合物通常表现出清晰的、无杂质的光谱图，而杂质的存在可能导致额外的吸收峰或峰的强度变化。

红外光谱技术具有非破坏性、快速、灵敏度高的特点，可以对各种有机化合物进行分析和鉴定。它在有机合成、药物研发、化学品生产、环境监测等领域发挥着重要的作用。通过对红外光谱图的分析和解读，可以获得有关样品化学性质、结构特征和反应过程的宝贵信息。

## 第三节　紫外可见吸收光谱与质谱

紫外可见吸收光谱和质谱技术是在化学和分析领域中常用的仪器分析方法，它们提供了关于分子结构、化学性质和组成的重要信息。

## 一、紫外可见吸收光谱技术

紫外可见吸收光谱通过测量样品在紫外光和可见光波长范围内的吸收光谱来分析样品的性质。在紫外光谱中，波长范围通常为10～400 nm；而在可见光谱中，波长范围为400～800 nm。紫外可见吸收光谱主要用于分析样品的吸收特性、色素和化合物的浓度等。

### （一）紫外可见吸收光谱的工作原理

样品中的化合物在特定波长的光的照射下吸收光能，从而产生吸收峰。这些吸收峰的位置和强度与样品中的化合物和官能团有关。通过比较样品的吸收谱与已知化合物的吸收谱，可以对样品进行定性和定量分析。

### （二）紫外可见吸收光谱的应用领域

紫外可见吸收光谱是一种常用的光谱分析技术，广泛应用于化学、生物化学、环境科学、药学等领域。通过检测样品在紫外光和可见光区域的吸收光谱，我们可以获取关键信息，如样品的化学组成、浓度、结构和反应动力学等。由于其简便、快速、准确的特点，紫外可见吸收光谱成为科学研究和实验室分析的重要工具。下面将简要介绍紫外可见吸收光谱的主要应用领域。

**1. 定量分析**

构建标准曲线是一种常用的分析方法，用于准确测定样品中某种物质的浓度。这个方法基于已知浓度的标准样品与待测样品在特定条件下的吸光度之间的线性关系。通过测定一系列标准样品的吸光度并绘制吸光度与浓度之间的曲线，可以得到一个线性标准曲线。接下来，通过测定待测样品的吸光度，可以利用标准曲线来推算其浓度。

**2. 定性分析**

根据紫外可见吸收光谱的吸收峰的位置和强度，可以推断样品的组成和结构。紫外可见吸收光谱是一种分析技术，用于测量样品在紫外光和可见光波长范围内吸收光的情况。不同化合物和分子在紫外可见吸收光谱中表现出特定的吸收峰，这些吸收峰可以提供有关样品组成和结构的重要信息。

**3. 反应动力学研究**

紫外可见吸收光谱在研究化学反应速率和反应动力学参数方面具有重要应用。通过监测反应物或产物在特定波长下的吸收变化，可以跟踪反应的进程，从而得到有关反应速率和反应动力学的有用信息。

在化学反应中，反应物或产物中的某些分子或化合物在紫外可见吸收光谱范围内会吸收特定波长的光。随着反应的进行，反应物逐渐消耗，而产物逐渐形成，其吸收峰的强度和位置会发生变化。利用紫外可见吸收光谱监测这些吸收峰的变化，可以确定反应的速率和反应动力学参数。

**4. 生物分析**

紫外可见吸收光谱在生物分子研究中有广泛的应用，包括蛋白质、核酸、激素等生物分子的测定和研究。它是一种非常有用的分析技术，可以提供关于这些生物分子结构、含量和相互作用的重要信息。

**5. 环境分析**

紫外可见吸收光谱技术在环境监测中具有快速、准确、非破坏性等优点，因此对水体、大气和土壤等环境样品中有机和无机污染物的检测具有重要的应用价值。通过该技术的应用，可以及时监测和评估环境污染状况，为环境保护和生态修复提供重要科学依据。

## 二、质谱技术

质谱是一种分析技术，用于确定和鉴定化合物的分子结构和组成。质谱仪通过将样品中的分子离子化，并根据其质荷比（m/e）进行分析。质谱技术可提供有关样品中各种离子的信息，包括分子离子、片段离子和反应离子等。

### （一）质谱技术的工作原理

质谱仪通常由离子源、质量分析器和检测器组成。离子源将样品中的分子转化为离子，质量分析器根据离子的质荷比分离和筛选离子，检测器则测量离子的相对丰度。通过分析质谱图，可以确定样品中化合物的分子质量、结构、碎片模式和相对丰度等信息。

### （二）质谱技术的应用领域

质谱技术是一种重要的分析技术，广泛应用于各个领域。它通过对样品中离子的质荷比进行分析，从而获得样品中不同化学物质的分子质量和结构信息。由于其高灵敏度、高分辨率和广泛适用性，质谱技术在科学研究、生物医学、环境分析、食品安全、药物研发等众多领域都发挥着重要的作用。

**1. 分子结构鉴定**

质谱技术通过测定分子的质量和质荷比可以推断分子的结构，是一种非常有力的结构鉴定手段。首先，在质谱仪中，样品分子被电离，形成带电离子。其次，这些带电离子会经过质谱仪的分析器，根据它们的质荷比来分离。最后，质谱仪会将分离的离子进行检测，形成质谱图。

质谱技术在化学、生物化学、药学、环境科学等领域中被广泛应用。它可以用于鉴定未知化合物、分析样品的组成、确定蛋白质和核酸的序列等。通过质谱技术，研究人员可以更深入地了解分子的结构和性质，为科学研究和应用提供重要支持。

**2. 元素分析**

质谱技术可以用于测定样品中元素的质量和相对丰度，是一种重要的元素分析方法。在质谱仪中，样品首先经过电离，形成带电离子。然后，这些带电离子会通过分析器进行分离，并按照质荷比进行排序。最后，质谱仪会对分离的离子进行检测，形成质谱图。

在质谱图中，不同元素的同位素（具有不同质量的同一元素）会形成不同的峰，峰的位置和强度表示了不同同位素的质量和相对丰度。通过测定这些同位素的质量和丰度，可以确定样品中元素的含量。

**3. 蛋白质组学研究**

质谱技术在蛋白质的鉴定和定量以及蛋白质组学研究中发挥着关键作用。蛋白质组学是研究生物体内所有蛋白质的组成、结构、功能以及相互作用的一门学科。质谱技术作为蛋白质组学研究的重要工具之一，可以帮助科学家深入了解细胞和生物体内蛋白质的复杂性和多样性。

在蛋白质鉴定方面，质谱技术常用的方法之一是质谱图谱法。这种方法通过测定蛋白质的分子量，并与数据库中的已知蛋白质质谱图谱进行比对，来识别未知蛋白质。质谱图谱法可以应用于复杂的蛋白质混合物，如细胞裂解液或生物样本，从而发现新的蛋白质、研究蛋白质的修饰和突变以及分析蛋白质的表达水平。

**4. 药物代谢研究**

质谱技术在药物研发和药物代谢研究中起着重要作用。当药物被引入生物体内时，会经历一系列代谢过程，其中会产生一系列代谢产物。这些代谢产物可能具有不同的生物活性和药效，因此对药物代谢产物的研究对于了解药物的药效、药物安全性以及药物的代谢途径具有重要意义。

**5. 环境分析**

质谱技术在环境科学领域中被广泛应用于水、土壤、大气等样品中有机和无机污染物的检测。这些污染物包括有机化合物、重金属、农药残留等，它们可能对环境和人类健康造成潜在风险。质谱技术的应用为环境监测和污染物鉴定提供了高灵敏度、高分辨率和高准确性的手段。

紫外可见吸收光谱和质谱技术在许多领域中应用广泛，包括有机化学、药物研发、环境监测、食品分析等。它们为研究人员提供了快速、准确和灵敏的分析手段，有助于理解和解释化合物的性质、反应机制和组成特征。

紫外可见吸收光谱和质谱技术在科学研究和工业生产中都具有重要地位，它们为化学、生物学和环境科学等领域的分析提供了有力的手段，推动了科学的发展和进步。

## 第四节　核磁共振

核磁共振是一种重要的分析技术，广泛应用于化学、生物化学、医药、材料科学等领域。它是通过对原子核在外加静磁场和射频辐射作用下的响应进行测量和分析来获取样品的结构和性质信息的。

## 一、核磁共振技术基本原理

核磁共振技术基于原子核在静磁场中的磁矩和外加射频脉冲的相互作用。在外加强大静磁场下，原子核会产生磁矩。当样品置于静磁场中，原子核的磁矩会取向并与静磁场同向或反向。接下来，给样品施加特定频率的射频脉冲，原子核的磁矩发生翻转。当射频脉冲结束后，原子核会回到平衡态，放出射频信号。通过测量这些信号的强度和频率，可以获得原子核的信息，进而推断样品的结构和性质。

## 二、核磁共振技术应用

核磁共振技术的优势在于非破坏性、无辐射、灵敏度高且无需样品预处理，因此在科学研究和工业应用中得到广泛应用。它是化学和生物科学领域研究的强大工具，并为新材料、新药物等的研发和设计提供了重要信息支持。

### （一）化学结构分析

核磁共振是一种重要的分析技术，被广泛应用于确定有机化合物、无机化合物和生物分子的结构。通过核磁共振技术，我们可以了解样品中原子核的化学环境、化学键的类型以及原子核之间的相互作用，从而获得关于分子结构的详细信息。

#### 1. 有机化合物的结构确定

核磁共振技术对有机化合物结构的鉴定非常有用。通过观察氢、碳、氮等原子的原子核共振信号，可以得到各个原子核在分子中的环境和相对位置。氢谱（$^{1}$H-NMR）通常用于确定分子中氢原子的位置和化学环境，而碳谱（$^{13}$C-NMR）用于确定碳原子的位置。根据谱图中化学位移的数值和峰的形状，可以推断分子中的取代基、官能团和键的类型。

#### 2. 无机化合物的结构确定

核磁共振不仅适用于有机化合物，还可以用于无机化合物的结构鉴定。例如，$^{13}$C-NMR可以用于确定无机化合物中的碳原子的类型和环境。在无机化学领域，核磁共振广泛用于研究含有金属离子的配合物的结构和性质及晶体结构的分析。

#### 3. 生物分子的结构研究

核磁共振在生物化学领域也有重要应用。蛋白质、核酸和其他生物分子的结构可以通过核磁共振技术来研究。通过测量生物分子中氢、碳、氮等原子的原子核的共振信号，可以获得生物分子的三维结构信息。此外，核磁共振还可以研究生物分子的动态性质，如蛋白质的折叠、构象变化和酶的催化过程等。

核磁共振技术是一种强大的结构分析工具，可用于确定有机化合物、无机化合物和生物分子的结构。它为化学、生物化学、药物研发等领域提供了重要的信息支持，促进了科学研究和工业应用的发展。通过核磁共振技术，我们可以深入了解分子的结构和性质，为新材料、新药物的设计和开发提供有力的指导和支持。

## （二）定量分析

核磁共振不仅可以用于结构分析，还可以用于样品中特定核的定量分析。在核磁共振定量分析中，我们利用核磁共振信号的强度与所含核的数量之间的关系来确定样品中特定核的含量，如氢、碳等核的含量。

在核磁共振定量分析中，通常使用一个称为内部标准物质的参考物质。内部标准物质是已知含量的化合物，其核磁共振信号在谱图上有明显特征，且不会干扰待测核的信号。内部标准物质的添加可以在样品制备阶段或谱图采集过程中进行。

以氢核（$^{1}H$）定量分析为例，常用的内部标准物质是四甲基硅烷（Tetramethylsilane，TMS）。TMS的氢核在核磁共振谱上有一个强烈的单峰信号，且该峰位于谱图的零位或基线上，不会与待测化合物的氢核信号重叠。在样品制备阶段，将已知量的TMS添加到待测样品中，然后进行核磁共振谱的采集。在谱图分析时，可以根据TMS的峰强度和已知的TMS含量来计算待测样品中氢核的含量。

类似地，对于其他核的定量分析，也可以选择合适的内部标准物质，并按照类似原理进行样品制备和谱图采集。核磁共振定量分析的优点在于它是一种非破坏性分析方法，样品无需受到化学处理，不会造成样品的损坏或污染。

需要注意的是，在进行核磁共振定量分析时，样品的准备和采集条件需要严格控制，以确保结果的准确性和可重复性。此外，选择合适的内部标准物质也是关键，它应与待测样品有相似的性质，并且不会与待测核的信号发生重叠。

核磁共振是一种有效的定量分析技术，可以用于测定样品中特定核的含量。通过合理选择内部标准物质和严格控制实验条件，核磁共振定量分析可以获得准确可靠的结果，为化学、生物化学等领域的定量研究提供重要的支持。

## （三）动力学研究

核磁共振是一种非常有用的分析技术，可以通过监测峰强度和位置随时间的变化来研究化学反应的速率和反应机理。这种方法被称为核磁共振动力学或核磁共振反应监测。

在核磁共振动力学中，我们可以通过连续监测核磁共振谱中特定核的峰随时间的变化，来了解反应的进行情况。在通常情况下，所选取的核会在反应中经历浓度的变化，这会导致其核磁共振信号的强度随时间发生变化。通过分析峰的强度变化，我们可以获得反应速率和反应级数等动力学信息。

核磁共振动力学的应用可以涵盖多种反应类型，包括化学反应、催化反应、酶催化反应等。在反应进行的过程中，可以通过不断采集核磁共振谱，观察特定核的峰强度和位置随时间的变化，从而获得反应动力学的数据。

此外，核磁共振谱的峰位置也可以为研究反应机理提供有价值的信息。在某些反应中，反应产物可能与反应物有不同的化学环境，从而导致峰位置发生变化。通过分析峰位置的变化，可以揭示反应中中间体的形成和消失过程，进而推测反应的机理。

核磁共振动力学的优势在于它是一种非破坏性的分析技术，可以实时监测反应的进展，提供更加细致的信息，而无需取样和对样品进行处理。此外，由于核磁共振的高分辨率和灵敏度，可以准确地监测反应中低浓度物质的变化。

核磁共振动力学是一种强大的工具，可以通过监测核磁共振谱中峰强度和位置的变化，研究反应速率和反应机理。这种方法对于理解化学反应的动力学过程和研究机理具有重要的应用价值。

### （四）蛋白质结构研究

核磁共振在蛋白质结构研究中具有非常重要的作用，可以提供关键的三维结构和动态性质信息。蛋白质是生物体中最重要的功能性分子之一，其结构和动态性质与其功能密切相关。了解蛋白质的结构对于理解其功能和生物学作用至关重要。

核磁共振技术主要使用核磁共振波谱来研究蛋白质的结构和动态性质。蛋白质中的氢、碳、氮等核都可以通过核磁共振波谱进行观测。其中，最常用的是氢核的核磁共振波谱，也称为氢谱。

首先，通过核磁共振测定蛋白质中的氢-氢距离约束，可以得到蛋白质的距离信息。这是由于是由分子中的氢核之间的相互作用导致的，通过测定不同氢核之间的距离限制，可以推导出它们之间的空间距离，从而确定蛋白质的三维结构。这种方法通常称为氢距离约束法。

其次，核磁共振还可以用于研究蛋白质的二级结构，如α螺旋、β折叠等。通过分析氢谱中化学位移和耦合常数，可以推断蛋白质中的氨基酸序列和二级结构。

最后，核磁共振还可以用于研究蛋白质的动态性质，如蛋白质的构象动力学、内部运动等。通过测定氢谱中的线宽和弛豫时间，可以了解蛋白质的动态性质，包括自由构象的交换、构象转换等。

核磁共振在蛋白质结构研究中是一种非常强大的工具。通过核磁共振技术，可以获得蛋白质的三维结构、二级结构以及动态性质信息，为理解蛋白质的功能和生物学作用提供了重要的参考和依据。此外，由于核磁共振是一种非破坏性的分析技术，可以在溶液中直接测定蛋白质的结构和动态性质，因此非常适合研究生物分子中复杂的结构和相互作用。因此，核磁共振在蛋白质结构研究中被广泛应用，并在生物化学和生物学领域中发挥着重要作用。

### （五）药物研发

核磁共振在药物分析和药物-受体相互作用研究中具有重要的应用价值，对药物研发和药效评估起着关键作用。

**1. 药物分析**

核磁共振可以用于对药物的结构和纯度进行分析。通过核磁共振技术，可以确定药物分子的化学结构、官能团的类型和位置，以及分子内部的键合关系。这对于确认合成的药物化合物是否纯净和结构是否正确非常重要。核磁共振还可以帮助鉴定药物中的杂质和副产物，以确保药物的质量和安全性。

**2. 药物代谢研究**

核磁共振可以用于研究药物在生物体内的代谢过程。通过对药物在生物样品中的核磁共振图谱进行分析，可以确定药物代谢产物的结构和生成途径。这有助于理解药物在体内的代谢途径和消除机制，为合理用药和药物剂量的确定提供依据。

**3. 药物–受体相互作用研究**

核磁共振在研究药物与受体之间的相互作用方面具有独特的优势。通过核磁共振谱可以直接观察药物与受体蛋白质之间的结合过程，了解药物与受体的结合位点、结合亲和力以及结合模式。这对于理解药物的药效机制、优化药物结构和设计高效的药物分子非常重要。同时，核磁共振还可以用于研究药物在受体结合后的构象变化和动态性质，这对于解析药物与受体的相互作用过程具有重要意义。

**4. 药物研发和药效评估**

核磁共振在药物研发和药效评估中起着关键作用。通过核磁共振对药物的结构和相互作用进行全面分析，可以优化药物结构和设计更有效的药物分子。此外，核磁共振还可以用于评估药物的稳定性、溶解性、溶剂效应等药物性质，为药物的制剂开发和性能评估提供重要数据。

核磁共振在药物研发和药物–受体相互作用研究中具有不可替代的作用。它为药物分析、药物代谢研究、药物–受体相互作用研究提供了高分辨率、非破坏性的方法，为药物研发和药效评估提供了有力的支持，有助于开发更安全、更有效的药物，并推动医药领域的进步和发展。

核磁共振技术是一种强大的工具，可用于化合物结构的解析、化学环境的分析和分子相互作用的研究。它在化学、生物学、医药和材料科学等领域中发挥着重要作用，并为科学家和研究人员提供了深入了解分子结构和分子相互作用的途径。

## 第五节　气相色谱和液相色谱

气相色谱（gas chromatography，GC）和液相色谱（liquid chromatography，LC）是两种常用的色谱分析技术，用于分离和鉴定混合物中的化合物。它们在化学、生物化学、环境分析、药物研发等领域广泛应用。下面详细介绍这两种色谱技术的原理和特点。

### 一、气相色谱（GC）

气相色谱是一种基于气相载体（流动相）和固定相之间相互作用的分离技术。在GC中，样品以气体形式被注入色谱柱中，通过固定相（通常是涂覆在柱内壁上的液态或固态物质）和气相载体之间的相互作用进行分离。样品成分根据它们与固定相的亲和性和分配系数在柱中分离，从而形成峰。通过调节柱温、载气流速和固定相的选择，可以控制分离和分析的效果。GC常用于分析挥发性化合物，如有机化合物、气体和挥发油等。

**1. 原理**

气相色谱是一种在气相状态下实现混合物分离的色谱技术。样品通过载气（常用的载气是氢气、氮气或氦气）的流动被带到色谱柱中，色谱柱通常是一种具有选择性的填充物（如聚硅氧烷），样品中的化合物会根据其与填充物的亲和性和挥发性质在柱中进行分离。随后，分离出来的各个化合物的峰在检测器上被检测并记录，形成色谱图。

**2. 特点**

GC适用于挥发性较高的化合物，对于低沸点、稳定性较好的有机化合物的分析效果较好。色谱峰的形状通常较尖锐，分离效率高，分析时间相对较短。由于样品在柱中分离时处于气相状态，GC在分析挥发性有机物、酯类、醇类等方面有较大优势。GC分析结果通常以峰面积或峰高来表示各组分的相对含量，定量分析较为直观。

## 二、液相色谱（LC）

液相色谱是一种基于液相载体（流动相）和固定相之间相互作用的分离技术。在LC中，样品以液态形式被注入色谱柱中，通过液相载体和固定相之间的相互作用进行分离。样品成分根据它们与固定相的亲和性和分配系数在柱中分离，从而形成峰。液相色谱可以根据不同的分离机制分为多种类型，如反相色谱、离子交换色谱、凝胶渗透色谱等。不同类型的液相色谱可用于分析不同性质的化合物，包括极性和非极性化合物、离子和大分子。

**1. 原理**

液相色谱是一种在液相状态下分离混合物的色谱技术。样品通过液相的流动被带到色谱柱中，色谱柱通常填充有一种具有选择性的固定相（如硅胶、C18硅胶等）。样品中的化合物在液相中根据其与固定相的亲和性而实现不同程度的吸附和脱附，从而实现分离。随后，分离出来的各个化合物的峰在检测器上被检测并记录，形成色谱图。

**2. 特点**

LC适用于疏水性和极性化合物的分析，尤其适合分析生物样品和药物等复杂混合物。色谱峰通常较宽，分离效率相对较低，分析时间相对较长。LC在分析蛋白质、肽段、核酸和生物大分子方面有较大优势，广泛应用于生物化学和生物医学研究。LC分析结果通常以峰面积或峰高来表示各组分的相对含量，定量分析较为准确。

总体而言，气相色谱和液相色谱是两种非常重要的色谱技术，它们分别在对挥发性、疏水性或极性化合物的分析中具有优势。根据分析的具体目的和样品特性，科学家可以选择合适的色谱技术进行分析，并借助色谱技术的发展和改进不断提高分析效率和准确性。

GC和LC都广泛应用于化学、生物、环境和制药等领域中的分析和分离。它们可以用于定性和定量分析，检测化合物的纯度、浓度和结构，以及分离复杂混合物中的成分。这些技术通常与检测器（如质谱仪、紫外光谱仪、荧光检测器等）结合使用，以获得更详细的分析结果和信息。

气相色谱和液相色谱是常用的色谱技术，通过样品与固定相之间的相互作用进行分离和分析。它们在分析化学领域具有广泛的应用，为研究人员提供了分析复杂混合物和确定化合物结构的有力工具。

有机化合物物理常数测定与结构分析鉴定是现代有机化学研究和应用中至关重要的一环。通过对有机化合物的物理性质进行测定和对其结构进行分析鉴定，可以深入了解化合物的性质、结构和反应特性，从而为各个领域的应用提供重要的参考和指导。

物理常数测定是指对有机化合物的各种物理性质进行实验测量，如熔点、沸点、密度、折射率等。这些物理性质与化合物的结构和纯度密切相关，因此可以用来对化合物进行初步的鉴定和评估。通过测定物理常数，我们可以判断化合物是否符合预期，进一步确定合成的成功程度和纯度，为后续的实验和应用提供基础数据。

结构分析鉴定是指通过多种先进的仪器和技术手段，如核磁共振、红外光谱、质谱等，对有机化合物的结构进行深入研究和确认。这些分析技术可以提供有关化合物的分子结构、官能团及它们之间的化学键信息。通过结构分析，我们可以确定化合物的结构，验证合成产物的目标性质，同时发现可能存在的杂质或未预期产物。

有机化合物物理常数测定与结构分析鉴定在化学合成、药物研发、食品添加剂、化妆品等领域具有广泛的应用价值。它们不仅有助于确认合成反应的有效性和反应产物的纯度，还有助于新药分子的合成和药效评估，保障食品和化妆品的安全性。此外，结构分析技术的不断发展也推动着有机化学领域的研究和创新，为开发新的合成方法和功能性化合物奠定了基础。

总之，有机化合物物理常数测定与结构分析鉴定在现代有机化学研究和应用中扮演着不可或缺的角色。它们是了解有机化合物性质和结构的重要手段，为科学研究和工程应用提供了重要的实验数据和经验支持。随着科学技术的不断进步，相信这些方法和技术将在未来继续发挥重要作用，并为化学领域的发展带来新的突破。

# 第五章　传统间歇釜式合成实验

传统间歇釜式合成是化学实验室中一种常见的合成方法，它以批量的方式进行，即将反应物一次性添加到釜内，在适当的温度和压力条件下进行反应，最终得到目标产物。这种合成方法因其简单可行、易于控制反应条件和适用于多种反应类型而在实验室中得到广泛应用。

本实验通过传统间歇釜式合成方法合成目标产物，并深入了解反应原理和实验操作技巧。我们将选用“具体化合物”作为起始反应物，在适当的温度、压力和时间条件下，进行反应过程。通过精确控制反应条件，我们将优化产物的收率和纯度，使学生对化学合成的基本原理有更深入的了解。

通过本实验，我们希望学生掌握传统间歇釜式合成的基本操作流程，理解反应过程中温度、压力、物质比例等因素对产物的影响，并学会正确处理实验中可能出现的问题。这些实验技能和理论知识将为学生今后在化学合成及实验设计领域的学习与研究奠定基础，培养学生在化学实验中的严谨性、创新性和安全意识。

## 实验1：1-溴丁烷的合成

本实验旨在通过传统间歇釜式合成方法来合成1-溴丁烷。1-溴丁烷是一种重要的有机化合物，常用于有机合成反应和有机化学研究中。本实验将使用溴代烷和适当的溶剂进行反应，生成目标产物1-溴丁烷。通过此实验，我们将学习合成有机化合物的基本操作技术，并熟悉实验室中的安全操作规程。

1-溴丁烷的合成通常采用碱催化的亲核取代反应。在本实验中，我们将使用间歇釜作为反应容器，配合适当的反应条件进行反应。以下是该实验的基本步骤。

### 一、实验准备

准备干净的间歇釜，并确保其密封性能良好。准备适当的溶剂，如丁醇或乙醇。确保实验室通风良好，实验者穿戴个人防护装备，如实验室外套、手套、护目镜和实验室鞋。

### 二、反应操作

在干净的间歇釜中加入适量的溶剂，如丁醇。按照化学方程式，按比例加入溴代烷

（如溴乙烷）到间歇釜中。启动搅拌器，将反应混合物搅拌均匀。控制反应温度和反应时间，使反应在适当的条件下进行。注意观察反应过程，确保反应顺利进行。

### 三、产物分离

反应完成后，关闭搅拌器，停止加热。将反应混合物转移到适当的分离设备中，如分液漏斗。分离有机相和水相，收集有机相。

### 四、产物纯化

通过蒸馏或其他适当的分离技术，纯化目标产物1-溴丁烷。注意收集并记录产物的沸点范围和收率。

### 五、结果分析

使用物理常数测定技术（如熔点测定和红外光谱分析），对产物进行结构鉴定和纯度评估。完成实验后，进行结果分析和报告撰写，以总结实验过程和获得的结果。通过这个实验，我们可以学习有机合成中常用的传统间歇釜式合成方法，并了解1-溴丁烷的合成步骤和相关实验技术。

### 六、安全注意事项

在进行实验时，务必遵守实验室的安全操作规程，并正确处理化学品和废弃物。

## 实验2：苯甲酸乙酯的合成

本实验旨在通过传统间歇釜式合成方法合成苯甲酸乙酯。苯甲酸乙酯是一种常用的有机溶剂和重要的合成中间体，在有机合成和工业上被广泛应用。本实验以苯甲酸和乙醇作为原料，通过酯化反应合成目标产物苯甲酸乙酯。通过此实验，我们将学习有机合成的基本技术和实验室操作。

苯甲酸乙酯的合成通常采用酯化反应，其中苯甲酸和乙醇发生酯化反应生成目标产物苯甲酸乙酯。以下是该实验的基本步骤。

### 一、实验准备

准备干净的间歇釜，并确保其密封性能良好。准备适当的溶剂，如无水乙醇。确保实验室通风良好，实验者穿戴个人防护装备。

### 二、反应操作

在干净的间歇釜中加入适量的溶剂，如无水乙醇。按照化学方程式，按比例加入苯甲酸和乙醇到间歇釜中。启动搅拌器，将反应混合物搅拌均匀。控制反应温度和反应时间，使反应在适当的条件下进行。注意观察反应过程，确保反应顺利进行。

### 三、产物分离

反应完成后，关闭搅拌器，停止加热。将反应混合物转移到适当的分离设备中，如分液漏斗。分离有机相和水相，收集有机相。

### 四、产物纯化

通过蒸馏或其他适当的分离技术，纯化目标产物苯甲酸乙酯。注意收集并记录产物的沸点范围和收率。

### 五、结果分析

使用物理常数测定技术（如熔点测定和红外光谱分析），对产物进行结构鉴定和纯度评估。完成实验后，进行结果分析和报告撰写，以总结实验过程和获得的结果。通过这个实验，我们可以学习到有机合成中常用的传统间歇釜式合成方法，并了解到苯甲酸乙酯的合成步骤和相关实验技术。

### 六、安全注意事项

在进行实验时，务必遵守实验室的安全操作规程，并正确处理化学品和废弃物。

## 实验3：乙酰水杨酸的合成

本实验旨在通过传统间歇釜式合成方法合成乙酰水杨酸。乙酰水杨酸是一种常用的有机合成中间体，被广泛应用于药物和染料等领域。通过此实验，我们将学习有机合成的基本技术和实验室操作，并合成目标产物乙酰水杨酸。

乙酰水杨酸的合成通常采用乙酰化反应，使水杨酸与醋酐反应，生成目标产物乙酰水杨酸。以下是该实验的基本步骤。

### 一、实验准备

准备干净的间歇釜，并确保其密封性能良好。准备适当的溶剂，如二甲基亚硫酰胺或氯仿。确保实验室通风良好，实验者穿戴个人防护装备。

### 二、反应操作

在干净的间歇釜中加入适量的溶剂，如二甲基亚硫酰胺或氯仿。按照化学方程式，按比例加入水杨酸和醋酐到间歇釜中。启动搅拌器，将反应混合物搅拌均匀。控制反应温度和反应时间，使反应在适当的条件下进行。注意观察反应过程，确保反应顺利进行。

### 三、产物分离

反应完成后，关闭搅拌器，停止加热。将反应混合物转移到适当的分离设备中，如分液漏斗。分离有机相和水相，收集有机相。

### 四、产物纯化

通过蒸馏或其他适当的分离技术，纯化目标产物乙酰水杨酸。注意收集并记录产物的沸点范围和收率。

### 五、结果分析

使用物理常数测定技术（如熔点测定和红外光谱分析），对产物进行结构鉴定和纯度评估。完成实验后，进行结果分析和报告撰写，以总结实验过程和获得的结果。通过这个实验，我们可以学习到有机合成中常用的传统间歇釜式合成方法，并了解到乙酰水杨酸的合成步骤和相关实验技术。

### 六、安全注意事项

在进行实验时，务必遵守实验室的安全操作规程，并正确处理化学品和废弃物。

## 实验4：2-甲基-2-己醇的合成

本实验通过传统间歇釜式合成方法合成2-甲基-2-己醇。2-甲基-2-己醇是一种常用的有机化合物，具有广泛的应用领域，如溶剂、表面活性剂和反应中间体等。通过此实验，我们将学习有机合成的基本技术和实验室操作，并合成目标产物2-甲基-2-己醇。

2-甲基-2-己醇的合成通常采用烷基化反应，使正己烷与甲醇反应，生成目标产物2-甲基-2-己醇。以下是该实验的基本步骤。

### 一、实验准备

准备干净的间歇釜，并确保其密封性能良好。准备适当的溶剂，如二甲基亚硫酰胺或氯仿。确保实验室通风良好，实验者穿戴个人防护装备。

### 二、反应操作

在干净的间歇釜中加入适量的溶剂，如二甲基亚硫酰胺或氯仿。按照化学方程式，按比例加入正己烷和甲醇到间歇釜中。启动搅拌器，将反应混合物搅拌均匀。控制反应温度和反应时间，使反应在适当的条件下进行。注意观察反应过程，确保反应进行顺利。

## 三、产物分离

反应完成后，关闭搅拌器，停止加热。将反应混合物转移到适当的分离设备中，如分液漏斗。分离有机相和水相，收集有机相。

## 四、产物纯化

通过蒸馏或其他适当的分离技术，纯化目标产物2-甲基-2-己醇。注意收集并记录产物的沸点范围和收率。

## 五、结果分析

使用物理常数测定技术（如熔点测定和红外光谱分析），对产物进行结构鉴定和纯度评估。完成实验后，进行结果分析和报告撰写，以总结实验过程和获得的结果。通过这个实验，我们可以学习到有机合成中常用的传统间歇釜式合成方法，并了解到2-甲基-2-己醇的合成步骤和相关实验技术。

## 六、安全注意事项

在进行实验时，务必遵守实验室的安全操作规程，并正确处理化学品和废弃物。

# 实验5：1-苄基环戊醇的合成及脱水

本实验通过合成和脱水反应制备1-苄基环戊醇。1-苄基环戊醇是一种重要的有机化合物，在药物合成和有机合成中被广泛应用。通过此实验，我们将学习有机合成反应的操作技术，并了解合成和脱水反应的基本原理。

1-苄基环戊醇的合成可通过Grignard反应和醇的脱水反应实现。以下是该实验的基本步骤。

## 一、实验准备

准备干净的反应容器和玻璃仪器，确保其无残留物。准备适当的溶剂，如环己烷或乙醚。确保实验室通风良好，实验者穿戴个人防护装备。

## 二、Grignard反应

在反应容器中加入适量的溶剂，如环己烷或乙醚。在惰性气氛下，向反应容器中加入苄基溴化镁试剂。搅拌混合物并保持反应温度在适当的范围内。加入预先干燥的环戊酮到反应混合物中。控制反应时间和温度，使反应进行到足够程度。

### 三、脱水反应

在反应完成后，加入酸性溶液（如盐酸或硫酸）来中和Grignard试剂。添加适量的脱水剂，如磷酸或磷酸二氧化硅。控制反应温度和反应时间，使脱水反应进行到足够的程度。注意观察反应过程，确保反应进行顺利。

### 四、产物提取和纯化

将反应混合物转移至适当的提取设备，如分液漏斗。提取、收集有机相。使用适当的纯化技术（如蒸馏或结晶），纯化目标产物1-苄基环戊醇。注意收集并记录产物的沸点范围和收率。

### 五、结果分析

使用物理常数测定技术（如熔点测定和红外光谱分析），对产物进行结构鉴定和纯度评估。在完成实验后，进行结果分析和报告撰写，以总结实验过程和获得的结果。通过这个实验，我们可以学习到有机合成中常用的Grignard反应和脱水反应，以及制备1-苄基环戊醇的相关实验技术。

### 六、安全注意事项

在进行实验时，务必遵守实验室的安全操作规程，并正确处理化学品和废弃物。

## 实验6：二苯甲酮的合成

本实验通过芳香醛的芳香酮化反应合成二苯甲酮。二苯甲酮是一种重要的有机化合物，在有机合成和药物合成中被广泛应用。通过此实验，我们将学习芳香酮化反应的操作技术，并了解合成二苯甲酮的基本原理。

二苯甲酮的合成可通过芳香醛的芳香酮化反应实现。以下是该实验的基本步骤。

### 一、实验准备

准备干净的反应容器和玻璃仪器，确保其无残留物。准备适当的溶剂，如乙醇或乙醚。确保实验室通风良好，实验者穿戴个人防护装备。

### 二、芳香酮化反应

在反应容器中加入适量的溶剂，如乙醇或乙醚。向反应容器中加入适量的芳香醛试剂。加入催化剂，如碱性金属盐或酸性催化剂。搅拌反应混合物并保持反应温度在适当范围内。控制反应时间和温度，使反应进行到足够程度。

### 三、产物提取和纯化

在反应完成后，将反应混合物转移到适当的提取设备，如分液漏斗。提取、收集有机相。使用适当的纯化技术（如结晶或柱层析），纯化目标产物二苯甲酮。注意收集并记录产物的熔点范围和收率。

### 四、结果分析

使用物理常数测定技术（如熔点测定和红外光谱分析），对产物进行结构鉴定和纯度评估。

### 五、安全注意事项

在进行实验时，务必遵守实验室的安全操作规程，并正确处理化学品和废弃物。避免接触和吸入有害化学品，保持实验环境的通风良好。

在完成实验后，进行结果分析和报告撰写，以总结实验过程和获得的结果。通过这个实验，我们可以学习到有机合成中常用的芳香酮化反应，以及制备二苯甲酮的相关实验技术。

## 实验7：甲基叔丁基醚的合成

本实验通过甲醇和叔丁醇的缩合反应来合成甲基叔丁基醚。甲基叔丁基醚是一种重要的醚类化合物，广泛用于有机合成和化学研究中。通过此实验，我们将学习缩合反应的操作技术，并掌握制备甲基叔丁基醚的基本方法。

甲基叔丁基醚的合成可通过甲醇和叔丁醇的缩合反应实现。以下是该实验的基本步骤。

### 一、实验准备

准备干净的反应容器和玻璃仪器，确保其无残留物。准备适当的溶剂，如乙醚或氯仿。确保实验室通风良好，实验者穿戴个人防护装备。

### 二、缩合反应

在反应容器中加入适量的溶剂，如乙醚或氯仿。向反应容器中加入适量的甲醇试剂。加入适量的叔丁醇试剂。加入催化剂，如硫酸或盐酸。搅拌反应混合物并保持反应温度在适当的范围内。控制反应时间和温度，使反应进行到足够程度。

## 三、产物提取和纯化

在反应完成后，将反应混合物转移到适当的提取设备，如分液漏斗。提取、收集有机相。使用适当的纯化技术（如结晶或柱层析），纯化目标产物甲基叔丁基醚。注意收集并记录产物的沸点范围和收率。

## 四、结果分析

使用物理常数测定技术（如沸点测定和红外光谱分析），对产物进行结构鉴定和纯度评估。在完成实验后，进行结果分析和报告撰写，以总结实验过程和获得的结果。通过这个实验，我们可以学习到醚类化合物的缩合反应，以及制备甲基叔丁基醚的相关实验技术。

## 五、安全注意事项

在进行实验时，务必遵守实验室的安全操作规程，并正确处理化学品和废弃物。避免接触和吸入有害化学品，保持实验环境的通风良好。

# 实验8：二亚苄基丙酮的合成

本实验通过亚苄基化反应合成二亚苄基丙酮。二亚苄基丙酮是一种有机化合物，常用于有机合成和药物合成领域。通过此实验，我们将学习亚苄基化反应的操作技术，并掌握制备二亚苄基丙酮的基本方法。

二亚苄基丙酮的合成可通过亚苄基化反应实现。以下是该实验的基本步骤。

## 一、实验准备

准备干净的反应容器和玻璃仪器，确保其无残留物。准备适当的溶剂，如乙醇或二甲基甲酰胺。确保实验室通风良好，实验者穿戴个人防护装备。

## 二、亚苄基化反应

在反应容器中加入适量的溶剂，如乙醇或二甲基甲酰胺。向反应容器中加入适量的丙酮试剂。加入亚苄基化试剂，如苄溴化钠或苄氯化钠。加入催化剂，如碱性条件下的碘化钠。搅拌反应混合物并保持反应温度在适当的范围内。控制反应时间和温度，使反应进行到足够程度。

## 三、产物提取和纯化

在反应完成后，将反应混合物转移到适当的提取设备，如分液漏斗。提取、收集有机相。使用适当的纯化技术（如结晶或柱层析），纯化目标产物二亚苄基丙酮。注意收集并记录产物的沸点范围和收率。

## 四、结果分析

使用物理常数测定技术（如沸点测定和红外光谱分析），对产物进行结构鉴定和纯度评估。完成实验后，进行结果分析和报告撰写，以总结实验过程和获得的结果。通过这个实验，我们可以学习到亚苄基化反应的操作技术，以及制备二亚苄基丙酮的相关实验技术。

## 五、安全注意事项

在进行实验时，务必遵守实验室的安全操作规程，并正确处理化学品和废弃物。避免接触和吸入有害化学品，保持实验环境的通风良好。

# 实验9：乙酰乙酸乙酯的合成

本实验通过酯化反应合成乙酰乙酸乙酯。乙酰乙酸乙酯是一种常用的有机化合物，可用作溶剂、香料和医药中间体等。通过此实验，我们将学习酯化反应的操作技术，并掌握制备乙酰乙酸乙酯的基本方法。

乙酰乙酸乙酯的合成可通过酯化反应实现。以下是该实验的基本步骤。

## 一、实验准备

准备干净的反应容器和玻璃仪器，确保其无残留物。准备适当的溶剂，如乙醇或二甲基甲酰胺。确保实验室通风良好，实验者穿戴个人防护装备。

## 二、酯化反应

在反应容器中加入适量的溶剂，如乙醇或二甲基甲酰胺。向反应容器中加入适量的乙酰乙酸试剂（乙酸酐）。加入乙醇试剂或其他含羟基化合物。加入催化剂，通常使用酸性催化剂，如硫酸或氯化亚铁等。搅拌反应混合物并保持反应温度在适当的范围内。控制反应时间和温度，使反应进行到足够程度。

## 三、产物提取和纯化

在反应完成后，将反应混合物转移到适当的提取设备，如分液漏斗。提取、收集有机相。使用适当的纯化技术（如结晶或柱层析），纯化目标产物乙酰乙酸乙酯。注意收集并记录产物的沸点范围和收率。

## 四、结果分析

使用物理常数测定技术（如沸点测定和红外光谱分析），对产物进行结构鉴定和纯度评估。完成实验后，进行结果分析和报告撰写，以总结实验过程和获得的结果。通过这个实验，我们可以学习到酯化反应的操作技术，以及制备乙酰乙酸乙酯的相关实验技术。

## 五、安全注意事项

在进行实验时，务必遵守实验室的安全操作规程，并正确处理化学品和废弃物。避免接触和吸入有害化学品，保持实验环境的通风良好。

# 实验10：环己酮的合成

本实验通过氧化还原反应合成环己酮。环己酮是一种常用的有机化合物，在化工工业和实验室中广泛应用。通过此实验，我们将学习氧化还原反应的操作技术，并掌握制备环己酮的基本方法。

环己酮的合成可通过氧化还原反应实现。以下是该实验的基本步骤。

## 一、实验准备

准备干净的反应容器和玻璃仪器，确保其无残留物。准备适当的溶剂，如乙醇或二甲基甲酰胺。确保实验室通风良好，实验者穿戴个人防护装备。

## 二、氧化还原反应

在反应容器中加入适量的溶剂，如乙醇或二甲基甲酰胺。向反应容器中加入适量的环己烯试剂。加入氧化剂，通常使用强氧化剂，如硫酸铬酸钠或硫酸铬酸钾等。搅拌反应混合物并保持反应温度在适当的范围内。控制反应时间和温度，使反应进行到足够程度。

## 三、产物提取和纯化

在反应完成后，将反应混合物转移到适当的提取设备，如分液漏斗。提取、收集有机相。使用适当的纯化技术（如蒸馏或柱层析），纯化目标产物环己酮。注意收集并记录产物的沸点范围和收率。

## 四、结果分析

使用物理常数测定技术（如沸点测定和红外光谱分析），对产物进行结构鉴定和纯度评估。完成实验后，进行结果分析和报告撰写，以总结实验过程和获得的结果。通过这个实验，我们可以学习到氧化还原反应的操作技术，以及制备环己酮的相关实验技术。

### 五、安全注意事项

在进行实验时，务必遵守实验室的安全操作规程，并正确处理化学品和废弃物。避免接触和吸入有害化学品，保持实验环境的通风良好。

## 实验11：已二酸的合成

本实验通过氧化反应合成已二酸（也称已二酸酐）。已二酸是一种重要的有机化合物，在聚合物工业和化学制品生产中广泛应用。通过此实验，我们将学习氧化反应的操作技术，并掌握制备已二酸的基本方法。

已二酸的合成可通过氧化反应实现。以下是该实验的基本步骤。

### 一、实验准备

准备干净的反应容器和玻璃仪器，确保其无残留物。准备适当的溶剂，如醋酸或硫酸。确保实验室通风良好，实验者穿戴个人防护装备。

### 二、氧化反应

在反应容器中加入适量的溶剂，如醋酸或硫酸。向反应容器中加入适量的环已烷试剂。加入氧化剂，通常使用强氧化剂，如硝酸或高锰酸钾等。搅拌反应混合物并保持反应温度在适当的范围内。控制反应时间和温度，使反应进行到足够程度。

### 三、产物提取和纯化

在反应完成后，将反应混合物转移到适当的提取设备，如分液漏斗。提取、收集有机相。使用适当的纯化技术（如蒸馏或结晶），纯化目标产物已二酸。注意收集并记录产物的熔点范围和收率。

### 四、结果分析

使用物理常数测定技术（如熔点测定和红外光谱分析），对产物进行结构鉴定和纯度评估。完成实验后，进行结果分析和报告撰写，以总结实验过程和获得的结果。通过这个实验，我们可以学习到氧化反应的操作技术，以及制备已二酸的相关实验技术。已二酸在化学和工业领域有着广泛的应用，因此对其合成的研究和理解具有重要作用。

### 五、安全注意事项

在进行实验时，务必遵守实验室的安全操作规程，并正确处理化学品和废弃物。避免接触和吸入有害化学品，保持实验环境的通风良好。

# 实验12：二苯甲醇的合成

本实验通过还原反应合成二苯甲醇。二苯甲醇是一种重要的有机化合物，被广泛应用于有机合成和药物化学领域。通过此实验，我们将学习还原反应的操作技术，并掌握制备二苯甲醇的基本方法。

二苯甲醇的合成可通过还原反应实现。以下是该实验的基本步骤。

## 一、实验准备

准备干净的反应容器和玻璃仪器，确保其无残留物。准备适当的溶剂，如乙醇或丙酮。确保实验室通风良好，实验者穿戴个人防护装备。

## 二、还原反应

在反应容器中加入适量的溶剂，如乙醇或丙酮。向反应容器中加入适量的苯甲醛试剂。加入还原剂，通常使用强还原剂，如氢气和催化剂或还原性金属（如锌粉或铝粉）。搅拌反应混合物并保持反应温度在适当的范围内。控制反应时间和温度，使反应进行到足够程度。

## 三、产物提取和纯化

在反应完成后，将反应混合物转移到适当的提取设备，如分液漏斗。提取、收集有机相。使用适当的纯化技术（如结晶或柱层析），纯化目标产物二苯甲醇。注意收集并记录产物的熔点范围和收率。

## 四、结果分析

使用物理常数测定技术，如熔点测定和红外光谱分析，对产物进行结构鉴定和纯度评估。完成实验后，进行结果分析和报告撰写，以总结实验过程和获得的结果。通过这个实验，我们可以学习到还原反应的操作技术，以及制备二苯甲醇的相关实验技术。二苯甲醇作为一种重要的有机化合物，在有机合成和药物化学领域有着广泛的应用，因此对其合成的研究和理解具有重要的价值和意义。

## 五、安全注意事项

在进行实验时，务必遵守实验室的安全操作规程，并正确处理化学品和废弃物。避免接触和吸入有害化学品，保持实验环境的通风良好。

# 实验13：肉桂酸的合成

本实验通过化学合成方法合成肉桂酸。肉桂酸是一种重要的有机化合物，被广泛应用于食品添加剂、医药和香料工业等领域。通过此实验，我们将学习肉桂酸的合成原理和操作技术。

肉桂酸的合成可以通过苯乙酮的氧化反应实现。以下是该实验的基本步骤。

## 一、实验准备

准备干净的反应容器和玻璃仪器，确保其无残留物。准备适当的溶剂，如乙醇或丙酮。确保实验室通风良好，实验者穿戴个人防护装备。

## 二、苯乙酮氧化反应

在反应容器中加入适量的溶剂，如乙醇或丙酮。向反应容器中加入苯乙酮试剂。加入氧化剂，通常使用强氧化剂，如高锰酸钾（$KMnO_4$）或过氧化氢（$H_2O_2$）。搅拌反应混合物并保持反应温度在适当的范围内。控制反应时间和温度，使反应进行到足够程度。

## 三、产物提取和纯化

在反应完成后，将反应混合物转移到适当的提取设备，如分液漏斗。提取、收集有机相。使用适当的纯化技术（如结晶或柱层析），纯化目标产物肉桂酸。注意收集并记录产物的熔点范围和收率。

## 四、结果分析

使用物理常数测定技术（如熔点测定和红外光谱分析），对产物进行结构鉴定和纯度评估。完成实验后，进行结果分析和报告撰写，以总结实验过程和获得的结果。通过这个实验，我们可以学习到肉桂酸的合成原理和合成操作技术，了解苯乙酮的氧化反应及其在肉桂酸合成中的应用。肉桂酸作为一种重要的有机化合物，具有广泛的应用前景，在食品、医药和香料工业等领域都具有重要作用。

## 五、安全注意事项

在进行实验时，务必遵守实验室的安全操作规程，并正确处理化学品和废弃物。避免接触和吸入有害化学品，保持实验环境的通风良好。

# 实验14：氢化肉桂酸的合成

本实验通过氢化还原反应合成氢化肉桂酸。氢化肉桂酸是肉桂酸的氢化衍生物，是一种重要的有机化合物，被广泛应用于有机合成和医药领域。通过此实验，我们将学习氢化还原反应的操作技术，并掌握制备氢化肉桂酸的基本方法。

氢化肉桂酸的合成可通过氢化还原反应实现。以下是该实验的基本步骤。

## 一、实验准备

准备干净的反应容器和玻璃仪器，确保其无残留物。准备适当的溶剂，如乙醇或丙酮。确保实验室通风良好，实验者穿戴个人防护装备。

## 二、氢化还原反应

在反应容器中加入适量的溶剂，如乙醇或丙酮。向反应容器中加入适量的肉桂酸试剂。加入还原剂，通常使用强还原剂，如氢气和催化剂（铂或钯催化剂）。搅拌反应混合物并保持反应温度在适当的范围内。控制反应时间和温度，使反应进行到足够程度。

## 三、产物提取和纯化

在反应完成后，将反应混合物转移到适当的提取设备，如分液漏斗。提取、收集有机相。使用适当的纯化技术（如结晶或柱层析），纯化目标产物氢化肉桂酸。注意收集并记录产物的熔点范围和收率。

## 四、结果分析

使用物理常数测定技术，如熔点测定和红外光谱分析，对产物进行结构鉴定和纯度评估。完成实验后，进行结果分析和报告撰写，以总结实验过程和获得的结果。通过这个实验，我们可以学习到氢化还原反应的操作技术，以及制备氢化肉桂酸的相关实验技术。氢化肉桂酸作为一种重要的有机化合物，在有机合成和医药领域有着广泛的应用，因此对其合成的研究和理解具有重要意义。

## 五、安全注意事项

在进行实验时，务必遵守实验室的安全操作规程，并正确处理化学品和废弃物。避免接触和吸入有害化学品，保持实验环境的通风良好。

# 实验15：对氯甲苯的合成

本实验通过氯化苄和甲苯的反应合成对氯甲苯。对氯甲苯是一种有机化合物，常用于有机合成和医药领域。通过此实验，我们将学习对氯甲苯的合成原理和实验操作技术。

对氯甲苯的合成是通过氯化苄与甲苯进行反应实现的。以下是该实验的基本步骤。

## 一、实验准备

准备干净的反应容器和玻璃仪器，确保其无残留物。准备适当的溶剂，如甲苯。确保实验室中通风良好，实验者穿戴个人防护装备。

## 二、氯化苄与甲苯反应

在反应容器中加入适量的甲苯，以作为反应溶剂。加入氯化苄试剂，并搅拌反应混合物。控制反应温度和反应时间，使反应进行到足够程度。

## 三、产物提取和纯化

在反应完成后，将反应混合物转移到适当的提取设备，如分液漏斗。提取、收集有机相。使用适当的纯化技术（如结晶或柱层析），纯化目标产物对氯甲苯。注意收集并记录产物的熔点范围和收率。

## 四、结果分析

使用物理常数测定技术（如熔点测定和红外光谱分析），对产物进行结构鉴定和纯度评估。完成实验后，进行结果分析和报告撰写，以总结实验过程和获得的结果。通过这个实验，我们可以学习到对氯甲苯的合成原理和合成操作技术，了解氯化苄与甲苯的反应及其在对氯甲苯合成中的应用。对氯甲苯作为一种有机化合物，具有重要的应用价值，在有机合成和医药领域有着广泛的应用。因此，对其合成的研究和理解具有重要意义。

## 五、安全注意事项

在进行实验时，务必遵守实验室的安全操作规程，并正确处理化学品和废弃物。避免接触和吸入有害化学品，保持实验环境的通风良好。

# 实验16：甲基红的合成

本实验通过反应合成甲基红。甲基红是一种有机染料，常用于细胞染色和生物化学实验。通过此实验，我们将学习甲基红的合成原理和实验操作技术。

甲基红的合成可以通过亚硝基苯与N，N-二甲基苯胺反应实现。以下是该实验的基本步骤。

## 一、实验准备

准备干净的反应容器和玻璃仪器，确保其无残留物。准备适当的溶剂，如亚硝基苯。确保实验室通风良好，实验者穿戴个人防护装备。

## 二、反应准备

在反应容器中加入适量的亚硝基苯，以作为反应试剂。加入N，N-二甲基苯胺，并搅拌反应混合物。控制反应温度和反应时间，使反应进行到足够程度。

## 三、产物提取和纯化

在反应完成后，将反应混合物转移到适当的提取设备，如分液漏斗。提取、收集有机相。使用适当的纯化技术（如结晶或柱层析），纯化目标产物甲基红。注意收集并记录产物的纯度和收率。

## 四、结果分析

使用物理常数测定技术（如熔点测定和红外光谱分析），对产物进行结构鉴定和纯度评估。

## 五、安全注意事项

在进行实验时，务必遵守实验室的安全操作规程，并正确处理化学品和废弃物。避免接触和吸入有害化学品，保持实验环境的通风良好。

完成实验后，进行结果分析和报告撰写，总结实验过程和获得的结果。通过这个实验，我们可以学习到甲基红的合成原理和合成操作技术，了解亚硝基苯与N，N-二甲苯胺的反应及其在甲基红合成中的应用。甲基红作为一种有机染料，具有广泛的应用价值，特别在细胞染色和生物化学实验中有着重要应用。

# 实验17：甲基橙的合成

本实验通过合成反应合成甲基橙。甲基橙是一种有机染料，常用于细胞染色、显微镜下的观察以及其他实验室应用。通过此实验，我们将学习甲基橙的合成原理和实验操作技术。

甲基橙的合成可以通过甲基红与氯化铝反应实现。以下是该实验的基本步骤。

## 一、实验准备

准备干净的反应容器和玻璃仪器，确保其无残留物。准备适当的溶剂，如甲基红。确保实验室通风良好，实验者穿戴个人防护装备。

## 二、反应准备

在反应容器中加入适量的甲基红作为反应试剂。加入氯化铝作为催化剂，并搅拌反应混合物。控制反应温度和反应时间，使反应进行到足够程度。

## 三、产物提取和纯化

在反应完成后，将反应混合物转移到适当的提取设备，如分液漏斗。提取、收集有机相。使用适当的纯化技术（如结晶或柱层析），纯化目标产物甲基橙。注意收集并记录产物的纯度和收率。

## 四、结果分析

使用物理常数测定技术（如熔点测定和红外光谱分析），对产物进行结构鉴定和纯度评估。完成实验后，进行结果分析和报告撰写，以总结实验过程和获得的结果。通过这个实验，我们可以学习到甲基橙的合成原理和合成操作技术，了解甲基红与氯化铝反应在甲基橙合成中的应用。甲基橙作为一种有机染料，在细胞染色和显微镜观察等方面有着广泛的应用价值。因此，对甲基橙的合成研究具有重要意义。

## 五、安全注意事项

在进行实验时，务必遵守实验室的安全操作规程，并正确处理化学品和废弃物。避免接触和吸入有害化学品，保持实验环境的通风良好。

# 实验18：喹啉的合成

本实验通过亲核取代反应合成喹啉。喹啉是一种重要的有机化合物，具有广泛的应用领域，如药物合成、配位化学和农药制造等。通过此实验，我们将学习喹啉的合成原理和实验操作技术。

喹啉的合成可以通过亲核取代反应实现。以下是该实验的基本步骤。

## 一、实验准备

准备干净的反应容器和玻璃仪器，确保其无残留物。准备适当的溶剂，如2-氨基吡啶。确保实验室通风良好，实验者穿戴个人防护装备。

## 二、反应准备

在反应容器中加入适量的2-氨基吡啶作为反应试剂。加入适当的芳香酮类化合物作为喹啉合成的亲核试剂。再加入合适的溶剂，并搅拌反应混合物。控制反应温度和反应时间，使反应进行到足够程度。

## 三、产物提取和纯化

在反应完成后，将反应混合物转移到适当的提取设备，如分液漏斗。提取、收集有机相。使用适当的纯化技术（如结晶或柱层析），纯化目标产物喹啉。注意收集并记录产物的纯度和收率。

## 四、结果分析

使用物理常数测定技术（如熔点测定和核磁共振分析），对产物进行结构鉴定和纯度评估。完成实验后，进行结果分析和报告撰写，以总结实验过程和获得的结果。通过这个实验，我们可以学习到喹啉的合成原理和合成操作技术，了解亲核取代反应在喹啉合成中的应用。喹啉作为一种重要的有机化合物，在药物合成、配位化学和农药制造等领域具有广泛的应用价值。

## 五、安全注意事项

在进行实验时，务必遵守实验室的安全操作规程，并正确处理化学品和废弃物。避免接触和吸入有害化学品，保持实验环境的通风良好。

# 实验19：反式-1，2-二苯乙烯的合成

本实验通过合成反应合成反式-1，2-二苯乙烯。反式-1，2-二苯乙烯是一种重要的有机化合物，具有广泛的应用领域，如有机合成和材料科学等。通过此实验，我们将学习反式-1，2-二苯乙烯的合成原理和实验操作技术。

反式-1，2-二苯乙烯的合成可以通过还原反应实现。以下是该实验的基本步骤。

## 一、实验准备

准备干净的反应容器和玻璃仪器，确保其无残留物。准备适当的溶剂。确保实验室通风良好，实验者穿戴个人防护装备。

## 二、反应准备

在反应容器中加入适量的芳香醛类化合物作为反应试剂。加入还原剂（如金属钠或锂铝氢化物）作为还原反应的试剂。加入适当的溶剂，并搅拌反应混合物。控制反应温度和反应时间，使反应进行到足够程度。

## 三、产物提取和纯化

在反应完成后，将反应混合物转移到适当的提取设备，如分液漏斗。提取、收集有机相。使用适当的纯化技术（如结晶或柱层析），纯化目标产物反式-1，2-二苯乙烯。注意收集并记录产物的纯度和收率。

## 四、结果分析

使用物理常数测定技术（如熔点测定和核磁共振分析），对产物进行结构鉴定和纯度评估。完成实验后，进行结果分析和报告撰写，以总结实验过程和获得的结果。通过这个实验，我们可以学习到反式-1，2-二苯乙烯的合成原理和操作技术，了解还原反应在其合成中的应用。反式-1，2-二苯乙烯作为一种重要的有机化合物，在有机合成和材料科学等领域具有广泛的应用价值。

## 五、安全注意事项

在进行实验时，务必遵守实验室的安全操作规程，并正确处理化学品和废弃物。避免接触和吸入有害化学品，保持实验环境通风良好。

# 实验20：(±) 苯乙醇酸的合成

本实验通过 (±) 反应合成苯乙醇酸。苯乙醇酸是一种重要的有机化合物，在医药、农药和香料等领域具有广泛的应用。通过此实验，我们将学习 (±) 反应的合成原理和实验操作技术。

(±) 苯乙醇酸的合成是一种有机合成反应，通过在苯环上引入羧基 (-COOH) 官能团来合成苯乙醇酸。以下是该实验的基本步骤。

## 一、实验准备

准备干净的反应容器和玻璃仪器，确保其无残留物。准备适当的溶剂，如苯乙烯。确保实验室通风良好，实验者穿戴个人防护装备。

## 二、反应准备

在反应容器中加入苯乙烯作为反应试剂。加入氧化剂，如过氧化苯甲酰 (benzoyl peroxide) 或过氧化丙酮 (acetone peroxide)，以促进反应的进行。控制反应温度和反应时间，使反应进行到足够程度。

## 三、反应后处理

在反应完成后，对反应混合物进行适当的提取或结晶，从而分离目标产物 (±) 苯乙醇酸。注意收集并记录产物的纯度和收率。

## 四、结果分析

使用物理常数测定技术 (如熔点测定和核磁共振分析)，对产物进行结构鉴定和纯度评估。完成实验后，进行结果分析和报告撰写，以总结实验过程和获得的结果。通过这个实验，我们可以学习到 (±) 反应的合成原理和操作技术，了解在苯环上引入羧基的方法，从而合成苯乙醇酸。(±) 苯乙醇酸作为一种重要的有机化合物，在医药、农药和香料等领域具有广泛的应用价值。因此，对其合成研究具有重要意义。

## 五、安全注意事项

在进行实验时，务必遵守实验室的安全操作规程，并正确处理化学品和废弃物。避免接触和吸入有害化学品，保持实验环境的通风良好。

# 实验 21：苯乙醇酸外消旋体的拆分

本实验通过手性拆分的方法，将苯乙醇酸的外消旋体分离成单一手性的产物。手性拆分是有机化学中重要技术，用于分离手性化合物中的对映异构体。苯乙醇酸是一种手性分子，其外消旋体是一个混合物，通过本实验我们将分离并得到纯净的左旋或右旋的苯乙醇酸。这对于研究手性化合物的性质和应用具有重要意义。

苯乙醇酸是一种手性分子，它存在两种对映异构体，即左旋（L-苯乙醇酸）和右旋（D-苯乙醇酸）的外消旋体。这两种对映异构体的物理和化学性质完全相同，但其光学活性不同，即它们对偏振光有不同的旋光性。在本实验中，我们将通过手性拆分的方法，将这两种外消旋体分离开来，得到单一手性的产物。实验过程包括以下步骤。

## 一、实验准备

准备手性拆分所需的试剂和溶剂，确保其纯度和适当性。准备适当的溶剂。准备实验室设备，包括玻璃仪器和反应容器。

## 二、拆分反应

将苯乙醇酸的外消旋体与手性拆分试剂进行反应。手性拆分试剂可以是手性诱导剂、酶或手性配体等。在反应过程中，对映异构体会选择性地结合到手性拆分试剂，形成稳定的复合物。

## 三、分离和提取

对反应混合物进行适当的分离和提取，从而将复合物从反应混合物中分离出来。分离后，通过适当的方法，将复合物解离，得到单一手性的苯乙醇酸。

## 四、结果分析

使用物理常数测定技术和光学活性测定技术，对拆分产物进行结构鉴定和纯度评估。分别测定左旋和右旋苯乙醇酸的旋光度，确认其手性纯度。完成实验后，进行结果分析和报告撰写，以总结实验过程和获得的结果。通过这个实验，我们可以学习手性拆分的原理和技术，掌握手性化合物的拆分方法，从而分离并得到纯净的左旋或右旋苯乙醇酸外消旋体，进一步了解手性化合物的性质和应用。

## 五、安全注意事项

在进行实验时，务必遵守实验室的安全操作规程，并正确处理化学品和废弃物。避免接触和吸入有害化学品，保持实验环境通风良好。

# 实验22：二茂铁的合成

本实验合成二茂铁，这是一种有机金属化合物，具有重要的研究和应用价值。二茂铁是由两个环戊二烯和一个铁原子组成的。它在有机金属化学和配位化学等领域具有广泛的用途，也是研究催化反应和电子结构的重要模型。

二茂铁是一种独特的有机金属化合物，由于其特殊结构和性质，引起了有机化学家和无机化学家的广泛兴趣。合成二茂铁的常用方法是通过茂金属化合物与金属盐反应。实验中，我们将采用适当的反应条件，合成二茂铁，并通过结构分析确认产物的纯度和组成。实验过程包括以下步骤。

## 一、实验准备

准备茂金属化合物和金属盐以作为反应的原料。准备适当的溶剂。准备实验室设备，包括玻璃仪器和反应容器。

## 二、反应合成

将茂金属化合物和金属盐在适当的溶剂中进行反应。反应条件和配比需根据实验目的和文献资料确定。在反应过程中，茂金属环上的环戊二烯与金属盐中的金属离子形成配合物，从而合成二茂铁。

## 三、结晶和分离

在反应完成后，对产物进行结晶和分离，得到初步的二茂铁产物。可以通过过滤和洗涤等步骤，将产物纯化，提高产物的纯度。

## 四、结果分析

使用红外光谱、核磁共振等技术，对二茂铁的结构进行鉴定和纯度评估。确认合成产物的组成，并与理论预期进行对比。在完成实验后，进行结果分析和报告撰写，以总结实验过程和获得的结果。通过这个实验，我们可以了解茂金属化合物和有机金属化合物的合成方法，掌握二茂铁的合成技术，深入了解有机金属化合物的结构和性质。同时，二茂铁作为一种重要的有机金属化合物，在有机化学和无机化学领域的研究和应用上具有重要价值。

## 五、安全注意事项

在进行实验时，务必遵守实验室的安全操作规程，并正确处理化学品和废弃物。避免接触和吸入有害化学品，保持实验环境通风良好。

传统间歇釜式合成实验在有机化学和化学工程领域具有重要的价值和意义。

第一，反应机理研究。通过传统间歇釜式合成实验，可以深入研究反应的机理。在实验过程中可以控制反应条件和参数，观察反应的速率和产物生成情况，从而揭示反应的化学过程和可能的中间体产物。这对于了解有机反应的机制和反应路径非常重要。

第二，新化合物合成。传统间歇釜式合成实验是合成新化合物的常用手段之一。研究人员可以根据设计的合成路线，在实验室中逐步合成目标化合物。实验中可以进行反应优化和条件调节，从而获得高产率和高纯度的目标产物。

第三，反应条件优化。通过实验室中的间歇釜式合成实验，可以进行反应条件的优化。研究人员可以尝试不同的反应条件（如温度、压力、反应时间、催化剂种类和用量等），以获得最佳的反应条件，提高反应效率和产物收率。

第四，可扩展性评估。间歇釜式合成实验为评估合成路线的可扩展性提供了基础。在实验室成功合成目标产物后，可以进一步将优化的反应条件和工艺放大到中试和工业生产中，评估合成路线的可行性和经济性。

第五，工艺开发和优化。传统间歇釜式合成实验是工艺开发和优化的起点。通过实验中的观察和数据收集，可以推导出更高效、更环保和更经济的工艺路线，从而降低生产成本并提高产物的质量。

总体而言，传统间歇釜式合成实验为有机化学和化学工程领域的研究和应用提供了重要的实验数据和经验，推动了新化合物的合成、反应机理的研究以及工艺开发的进展。它在化学科学和工程技术的发展中发挥着不可替代的作用。

# 第六章　微反应连续流合成实验

在现代化学合成领域，连续流合成逐渐成为一种备受关注的合成方法。与传统的批量合成相比，连续流合成具有诸多优势，如更高的安全性、更高的反应效率，以及更便捷的操作。微反应技术作为连续流合成的重要组成部分，通过微小尺度的反应器件，使得化学反应能够在瞬息万变的微观环境中高效进行，从而极大地促进复杂化合物的合成。

本实验旨在探索微反应连续流合成的基本原理与操作技巧，通过实验演示，让学生深入了解这一新兴领域的发展和应用。本实验将采用“具体化合物”为模型反应物，在微反应连续流平台上进行连续合成操作，以“目标产物”为最终产物。

通过本实验，希望学生能够了解微反应连续流式合成的优势与特点，掌握基本的实验操作技巧，同时培养实验设计、数据分析与解释的能力。这些知识与技能将有助于学生在未来的研究与应用中更好地运用连续流式合成技术，为现代化学合成的发展作出更多贡献。

## 实验1：2，6-二溴-4-甲基苯胺的微反应连续流合成

连续流合成是一种新兴的化学合成方法，在微反应技术的支持下，能够实现高效、安全、可控的化学反应。本实验旨在利用连续流合成技术，通过微反应器件，在更小尺度的反应环境中合成2，6-二溴-4-甲基苯胺。该化合物是一种重要的中间体，被广泛应用于有机合成和药物研发领域。

### 一、实验目的

合成2，6-二溴-4-甲基苯胺，并通过微反应连续流合成方法优化产物的收率和纯度。

### 二、实验原理

2，6-二溴-4-甲基苯胺的合成反应采用溴化反应。该反应在微反应连续流平台上进行，利用微小尺度的反应器件，实现高效的连续合成。

### 三、实验步骤

**1. 准备实验装置**

检查微反应连续流平台的完整性和安全性，确保所有配件安装正确。确保微反应器

件干净，并用适当的溶剂进行洗涤和冲洗。

**2. 准备反应物**

精确称量所需量的2–碘–4–甲基苯胺和溴。配制适当的反应物溶液，确保反应物的摩尔比正确。

**3. 设置反应条件**

将反应物溶液注入微反应器件中。调整微反应器的温度和流速，这两个参数对反应过程的效率和选择性至关重要。

**4. 进行反应**

启动微反应连续流平台，确保反应物在微观环境中连续流动。根据实验设计的反应时间，持续进行反应。

**5. 收集产物**

从微反应出口收集反应产物。对产物进行初步纯化和分离，如可以使用柱层析或其他适当的方法。

**6. 结构表征与分析**

通过核磁共振氢谱或质谱等方法对产物进行结构表征和纯度分析。记录实验数据，计算反应的收率和纯度。

## 四、安全注意事项

在操作微反应连续流平台前，确保已经接受相关培训并熟悉设备操作手册。在实验过程中，注意个人防护措施，穿戴实验室外套、手套和护目镜。严格控制反应条件，避免发生意外反应。在操作结束后，清理实验台面，妥善处理化学性废物。

## 五、实验结果与讨论

通过微反应连续流合成方法成功合成2，6–二溴–4–甲基苯胺具有重要的科学和工程应用价值。2，6–二溴–4–甲基苯胺是一种重要的有机合成中间体，广泛应用于有机合成和药物研发领域。微反应连续流合成方法是一种高效、环保且可控性强的合成技术，可以在连续流动体系中实现反应的连续进行，从而提高反应效率和产物收率。

在合成过程中，对产物进行结构表征和纯度分析至关重要。通过核磁共振氢谱、质谱等技术手段，可以确认2，6–二溴–4–甲基苯胺的化学结构和各个化学官能团。同时，通过色谱技术，如气相色谱和高效液相色谱，可以分析产物中可能存在的杂质，从而评估产物的纯度。高纯度的产物对于后续的应用和药物研发非常重要，因为杂质的存在可能影响产物的药效和安全性。

根据实验结果，评估反应的效率和产物的纯度，可以发现可能存在的问题并进行进一步讨论和优化。比如，可以调整反应条件、催化剂的种类和用量，提高反应效率和产物纯度。同时，通过深入研究反应机理和反应路径，可以找到改进合成方法的途径，优化反应过程，提高产物收率和纯度。

这些数据和经验对于有机合成和药物研发领域的应用具有重要的参考价值。2，6-二溴-4-甲基苯胺作为有机合成的中间体，可用于合成各类有机化合物和药物。通过优化合成方法，可以提高产物的产率和纯度，降低生产成本，从而在药物研发和工业生产中得到广泛应用。此外，微反应连续流合成方法的应用也为其他有机合成和药物研发提供了有益的借鉴，推动了相关领域的发展和进步。

# 实验2：苯甲酸乙酯的微反应连续流合成

作为微反应技术的重要组成部分，连续流合成技术通过微小尺度的反应器件，使得化学反应在高效、安全、可控的微观环境中进行。在此背景下，本实验旨在利用连续流合成技术，通过微反应器件合成苯甲酸乙酯，该反应是一种常见的酯化反应，被广泛应用于有机合成和工业化生产中。

## 一、实验目的

合成苯甲酸乙酯，并通过微反应连续流合成方法优化产物的收率和纯度。

## 二、实验原理

苯甲酸乙酯的合成反应是酯化反应，将苯甲酸与乙醇反应得到苯甲酸乙酯。该反应在微反应连续流平台上进行，通过微小尺度的反应器件，实现高效、可控的连续合成。

## 三、实验步骤

**1. 准备实验装置**

检查微反应连续流平台的完整性和安全性，确保所有配件安装正确。确保微反应器件干净，并用适当的溶剂进行洗涤和冲洗。

**2. 准备反应物**

精确称量所需量的苯甲酸和乙醇。配制适当的反应物溶液，确保反应物的摩尔比正确。

**3. 设置反应条件**

将反应物溶液注入微反应器件中。调整微反应器的温度和流速，这两个参数对反应过程的效率和选择性至关重要。

**4. 进行反应**

启动微反应连续流平台，确保反应物在微观环境中连续流动。根据实验设计的反应时间，持续进行反应。

**5. 收集产物**

从微反应出口收集反应产物。对产物进行初步纯化和分离，如可以使用柱层析或其他适当的方法。

**6. 结构表征与分析**

通过红外光谱或核磁共振氢谱等方法对产物进行结构表征和纯度分析。记录实验数据，计算反应的收率和纯度。

### 四、安全注意事项

在操作微反应连续流平台前，确保已经接受相关培训并熟悉设备操作手册。在实验过程中，注意个人防护措施，穿戴实验室外套、手套和护目镜。严格控制反应条件，避免发生意外反应。在操作结束后，清理实验台面，妥善处理化学性废物。

### 五、实验结果与讨论

通过微反应连续流合成方法，成功合成苯甲酸乙酯，这是一项具有重要意义的有机合成实验。苯甲酸乙酯是一种重要的有机化合物，被广泛应用于医药、化妆品和香料等领域。

微反应连续流合成方法具有诸多优势。首先，它采用连续流动体系，能够在更短的时间内完成反应，提高了反应效率。其次，微反应器体积较小，能够有效地控制反应条件，减少副反应的产生，从而提高产物的选择性和纯度。最后，这种合成方法还有利于对反应过程进行实时监测和优化，从而更好地控制反应进程，获得高纯度的产物。

在实验过程中，我们对合成得到的苯甲酸乙酯进行了结构表征和纯度分析。通过使用核磁共振氢谱、红外光谱等先进技术，我们可以准确确定产物的化学结构，并评估产物的纯度。这对于确保合成过程的可靠性和产物质量的稳定性至关重要。

这项实验为有机合成和化学工程领域提供了重要的数据和经验。通过对反应条件的进一步优化，我们可以进一步提高产物的产率和纯度，为实际工业生产提供指导意义。此外，对于相关领域的研究和应用，这些数据也为新药开发、化妆品制造等提供了有价值的参考。

## 实验3：乙酰水杨酸的微反应连续流合成

微反应技术作为连续流合成的核心组成部分，通过微小尺度的反应器件，使得化学反应在微观环境中迅速高效地进行。本实验旨在利用连续流式合成技术，通过微反应器件合成乙酰水杨酸。乙酰水杨酸是一种重要的有机合成中间体，被广泛应用于制药和化妆品等领域。

### 一、实验目的

学习连续流合成技术在有机合成中的应用，特别是乙酰水杨酸的合成方法。掌握微反应连续流合成的基本操作流程，并了解优化产物收率和纯度的关键因素。熟悉实验设备的操作，培养严谨的实验态度和安全意识。

## 二、实验原理

乙酰水杨酸的合成反应是乙酰化反应，将水杨酸与乙酸酐反应，得到乙酰水杨酸。该反应在微反应连续流平台上进行，通过微小尺度的反应器件，实现高效、可控的连续合成。

## 三、实验步骤

**1. 准备实验装置**

检查微反应连续流平台的完整性和安全性，确保所有配件安装正确。确保微反应器件干净，并用适当的溶剂进行洗涤。

**2. 准备反应物**

精确称量所需量的水杨酸和乙酸酐。配制适当的反应物溶液，确保反应物的摩尔比正确。

**3. 设置反应条件**

将反应物溶液注入微反应器件中。调整微反应器的温度和流速，这两个参数对反应过程的效率和选择性至关重要。

**4. 进行反应**

启动微反应连续流平台，确保反应物在微观环境中连续流动。根据实验设计的反应时间，持续进行反应。

**5. 收集产物**

从微反应出口收集反应产物。对产物进行初步纯化和分离，如可以使用柱层析或其他适当的方法。

**6. 结构表征与分析**

通过红外光谱或核磁共振氢谱等方法对产物进行结构表征和纯度分析。记录实验数据，计算反应的收率和纯度。

## 四、安全注意事项

在操作微反应连续流平台前，确保已经接受相关培训并熟悉设备操作手册。在实验过程中，注意个人防护措施，穿戴实验室外套、手套和护目镜。严格控制反应条件，避免发生意外反应。操作结束后，清理实验台面，妥善处理化学性废物。

## 五、实验结果与讨论

通过微反应连续流合成方法成功合成乙酰水杨酸具有重要的科学和工程应用价值。乙酰水杨酸是一种重要的有机合成中间体，被广泛应用于医药、农药、香料等领域。通过该合成方法可以高效地制备目标产物，并对产物进行结构表征和纯度分析，进一步评估反应的效率和产物的质量。

微反应连续流合成方法是一种高效、环保且可控性强的合成技术，可以在连续流动体系中实现反应的连续进行，从而提高反应效率和产物收率。该方法可以通过优化反应条件（如温度、压力、反应时间等），来提高产物的产率和纯度。此外，微反应系统的体积小，反应速率快，可以有效减少副反应的发生，提高产物的选择性和纯度。

对合成产物进行结构表征和纯度分析是确保产物质量的关键步骤。通过核磁共振氢谱、红外光谱等技术手段，可以确定乙酰水杨酸的化学结构和它的各个化学官能团。同时，通过色谱技术（如气相色谱和高效液相色谱），可以分析产物中杂质的含量，从而评估产物的纯度。高纯度的产物对于后续的应用和工业化生产非常重要，因为杂质的存在可能影响产物的性质和用途。

通过实验结果评估反应的效率和产物的纯度，可以发现可能存在的问题并做进一步讨论和优化。比如，调整反应条件、催化剂的种类和用量，来提高反应效率和产物纯度。同时，通过研究反应机理和反应路径，可以找到改进合成方法的途径，优化反应过程，提高产物收率和纯度。

这些数据和经验对于有机合成和化学工程领域的应用具有重要参考价值。乙酰水杨酸作为有机合成的中间体，可用于制备多种有机化合物，如水杨酸类药物、防腐剂等。通过优化合成方法，可以提高产物的产率和纯度，降低生产成本，从而在工业生产中得到广泛应用。

# 实验4：2-甲基-2-己醇的微反应连续流合成

本实验旨在利用连续流式合成技术，合成2-甲基-2-己醇。这是一种重要的有机化合物，被广泛应用于医药和香料等领域。

## 一、实验目的

学习连续流合成技术在有机合成中的应用，特别是2-甲基-2-己醇的合成方法。掌握微反应连续流合成的基本操作流程，并了解提高产物收率和纯度的关键因素。熟悉实验设备的操作，培养严谨的实验态度和安全意识。

## 二、实验原理

2-甲基-2-己醇的合成反应采用还原反应，将适当的化合物还原为目标产物。该反应在微反应连续流平台上进行，通过微小尺度的反应器件，实现高效、可控的连续合成。

## 三、实验步骤

**1. 准备实验装置**

检查微反应连续流平台的完整性和安全性，确保所有配件安装正确。确保微反应器件干净，并用适当的溶剂进行洗涤。

**2. 准备反应物**

精确称量所需量的起始化合物，用于进行还原反应。配制适当的反应物溶液，确保反应物的摩尔比正确。

**3. 设置反应条件**

将反应物溶液注入微反应器件中。调整微反应器的温度和流速，这两个参数对反应过程的效率和选择性至关重要。

**4. 进行反应**

启动微反应连续流平台，确保反应物在微观环境中连续流动。根据实验设计的反应时间，持续进行还原反应。

**5. 收集产物**

从微反应出口收集反应产物。对产物进行初步纯化和分离，如可以使用柱层析或其他适当的方法。

**6. 结构表征与分析**

通过红外光谱或核磁共振氢谱等方法对产物进行结构表征和纯度分析。记录实验数据，计算反应的收率和纯度。

## 四、安全注意事项

在操作微反应连续流平台前，确保已经接受相关培训并熟悉设备操作手册。在实验过程中，注意个人防护措施，穿戴实验室外套、手套和护目镜。严格控制反应条件，避免发生意外反应。在操作结束后，清理实验台面，妥善处理化学性废物。

## 五、实验结果与讨论

通过微反应连续流合成方法成功合成2-甲基-2-己醇具有重要的科学和工程应用价值。2-甲基-2-己醇是一种重要的有机合成中间体，被广泛应用于化学工程和制药工业。通过该合成方法可以高效地制备目标产物，并对产物进行结构表征和纯度分析，进一步评估反应的效率和产物的质量。

微反应连续流合成是一种高效、环保且可控性强的合成技术，可以在连续流动体系中实现反应的连续进行，从而提高反应效率和产物收率。该方法可以通过优化反应条件（如温度、压力、反应时间等），来提高产物的产率和纯度。此外，微反应系统由于体积小、热量传递效率高，可以有效减少副反应的发生，提高产物的选择性和纯度。

对合成产物进行结构表征和纯度分析是确保产物质量的关键步骤。通过核磁共振氢谱、红外光谱等技术手段，可以确定2-甲基-2-己醇的化学结构和它的各个化学官能团。同时，通过色谱技术，如气相色谱和高效液相色谱，可以分析产物中杂质的含量，从而评估产物的纯度。高纯度的产物对于后续的应用和工业化生产非常重要，因为杂质的存在可能影响产物的性质和用途。

通过实验结果评估反应的效率和产物的纯度，可以发现可能存在的问题并做进一步讨论和优化。比如，可以调整反应条件、催化剂的种类和用量，提高反应效率和产物纯度。同时，通过研究反应机理和反应路径，可以找到改进合成方法的途径，优化反应过程，提高产物收率和纯度。

这些数据和经验对于有机合成和化学工程领域的应用具有重要参考价值。2-甲基-2-己醇作为有机合成的中间体，可用于制备多种有机化合物，如香料、医药中间体等。通过优化合成方法，可以提高产物的产率和纯度，降低生产成本，从而在工业生产中得到广泛应用。

通过微反应连续流合成方法成功合成2-甲基-2-己醇，并对产物进行结构表征和纯度分析，具有重要的科学和工程应用价值。这些数据和经验将为有机合成和化学工程领域的应用提供重要参考，促进相关领域的发展和进步。

# 实验5：1-苄基环戊醇的微反应连续流合成

本实验旨在利用连续流合成技术，合成1-苄基环戊醇。这是一种重要的有机合成中间体，具有广泛的应用前景。

## 一、实验目的

学习连续流合成技术在有机合成中的应用，特别是1-苄基环戊醇的合成方法。掌握微反应连续流合成的基本操作流程，并了解提高产物收率和纯度的关键因素。熟悉实验设备的操作，培养严谨的实验态度和安全意识。

## 二、实验原理

1-苄基环戊醇的合成反应采用加氢还原反应，将适当的化合物加氢还原为目标产物。该反应在微反应连续流平台上进行，通过微小尺度的反应器件，实现高效、可控的连续合成。

## 三、实验步骤

### 1. 准备实验装置

检查微反应连续流平台的完整性和安全性，确保所有配件安装正确。确保微反应器件干净，并用适当的溶剂进行洗涤。

**2. 准备反应物**

精确称量所需量的起始化合物，用于加氢还原反应。配制适当的反应物溶液，确保反应物的摩尔比正确。

**3. 设置反应条件**

将反应物溶液注入微反应器件中。调整微反应器的温度和流速，这两个参数对反应过程的效率和选择性至关重要。

**4. 进行反应**

启动微反应连续流平台，确保反应物在微观环境中连续流动。根据实验设计的反应时间，持续进行加氢还原反应。

**5. 收集产物**

从微反应出口收集反应产物。对产物进行初步纯化和分离，如可以使用柱层析或其他适当的方法。

**6. 结构表征与分析**

通过红外光谱或核磁共振氢谱等方法对产物进行结构表征和纯度分析。记录实验数据，计算反应的收率和纯度。

## 四、安全注意事项

在操作微反应连续流平台前，确保已经接受相关培训并熟悉设备操作手册。在实验过程中，注意个人防护措施，穿戴实验室外套、手套和护目镜。严格控制反应条件，避免发生意外反应。在操作结束后，清理实验台面，妥善处理化学性废物。

## 五、实验结果与讨论

通过微反应连续流合成方法成功合成1–苄基环戊醇具有重要的科学和工程应用价值。1–苄基环戊醇是一种重要的有机合成中间体，在药物、香料、染料等领域具有广泛的应用。对1–苄基环戊醇合成方法的优化和研究对于有机合成和化学工程领域具有重要意义。通过该合成方法可以高效地制备目标产物，并且对产物的结构和纯度进行表征和分析，进一步评估反应的效率和产物的质量。

首先，通过微反应连续流合成技术，可以实现反应条件的精确控制和优化，从而提高反应的效率和产物的产率。微反应连续流合成方法能够提供更高的反应速率和选择性，减少副反应的发生，降低废物产生，从而节约资源和降低成本。

其次，通过对产物的结构表征和纯度分析，可以确定合成方法的可行性和稳定性，并且评估产物的纯度和质量。高纯度的产物对于后续的工业化生产和应用非常重要。同时，结构表征可以确保合成的目标产物与所需的化合物结构一致，避免产物结构上的误差和不确定性。

再次，该实验的结果和数据还可以为有机合成反应的机理研究提供重要参考。通过分析反应过程中产物的生成和消失情况，可以深入了解反应机理和反应路径，从而优化反应条件，提高反应的效率和产物的纯度。

最后，通过该实验的经验和数据，可以为进一步的应用研究提供基础。例如，可以进一步研究1–苄基环戊醇的化学性质和应用特性，探索其在制药、香料和染料等领域的具体应用，为相关领域的发展和创新提供支持。这些数据和经验将为有机合成和化学工程领域的应用提供重要参考，推动相关领域的发展和进步。同时，该实验也为学生和研究人员提供了一个宝贵的学习和研究平台，促进科学知识的传播和交流。

# 实验6：甲基叔丁基醚的微反应连续流合成

本实验旨在利用连续流式合成技术，合成甲基叔丁基醚，这是一种重要的醚类化合物，在化学和工业领域有着广泛的应用。

## 一、实验目的

学习连续流合成技术在有机合成中的应用，特别是甲基叔丁基醚的合成方法。掌握微反应连续流合成的基本操作流程，并了解提高产物收率和纯度的关键因素。熟悉实验设备的操作，培养严谨的实验态度和安全意识。

## 二、实验原理

甲基叔丁基醚的合成反应采用了醚化反应，将甲醇与叔丁醇进行反应，得到目标产物。该反应在微反应连续流平台上进行，通过微小尺度的反应器件，实现高效、可控的连续合成。

## 三、实验步骤

### 1. 准备实验装置

检查微反应连续流平台的完整性和安全性，确保所有配件安装正确。确保微反应器件干净，并用适当的溶剂进行洗涤。

### 2. 准备反应物

精确称量所需量的甲醇和叔丁醇。配制适当的反应物溶液，确保反应物的摩尔比正确。

### 3. 设置反应条件

将反应物溶液注入微反应器件中。调整微反应器的温度和流速，这两个参数对反应过程的效率和选择性至关重要。

### 4. 进行反应

启动微反应连续流平台，确保反应物在微观环境中连续流动。根据实验设计的反应时间，持续进行醚化反应。

**5. 收集产物**

从微反应出口收集反应产物。对产物进行初步纯化和分离，如可以使用柱层析或其他适当的方法。

**6. 结构表征与分析**

通过红外光谱或核磁共振氢谱等方法对产物进行结构表征和纯度分析。记录实验数据，计算反应的收率和纯度。

## 四、安全注意事项

在操作微反应连续流平台前，确保已经接受相关培训并熟悉设备操作手册。在实验过程中，注意个人防护措施，穿戴实验室外套、手套和护目镜。严格控制反应条件，避免发生意外反应。在操作结束后，清理实验台面，妥善处理化学性废物。

## 五、实验结果与讨论

经过成功的微反应连续流合成方法，我们得到了甲基叔丁基醚，并对产物进行了结构表征和纯度分析。这些实验结果为有机合成和化学工程领域提供了重要的数据和经验，具有重要价值和意义。

### （一）实验结果

**1. 合成产物**

通过微反应连续流合成方法，我们成功合成了甲基叔丁基醚。甲基叔丁基醚是一种重要的有机化合物，在溶剂、涂料和化学反应溶剂领域中具有广泛应用。

**2. 结构表征**

我们对合成得到的甲基叔丁基醚进行了结构表征，利用核磁共振、质谱、红外光谱等手段，确认了产物的化学结构与目标产物甲基叔丁基醚一致，排除了杂质和副产物的可能性。

**3. 产物纯度分析**

我们使用高效液相色谱等方法对合成产物进行纯度分析。实验结果显示，合成的甲基叔丁基醚产物具有较高的纯度，符合预期要求。

### （二）讨论

**1. 反应效率评估**

根据实验数据，我们可以对反应效率进行评估。反应效率涉及反应转化率和产物收率。高转化率和收率表明反应是高效的，有利于提高产物的产量和降低生产成本。

**2. 产物纯度优化**

基于实验结果，我们可以进一步讨论产物的纯度并优化合成方法。甲基叔丁基醚作为有机合成中的重要化合物，高纯度的产物对后续反应步骤的成功进行至关重要。

**3. 反应条件优化**

微反应连续流合成方法具有反应条件可控和反应物混合均匀的优势。我们可以对反应条件进行优化，探索更加高效和可持续的合成路径，减少废物产生，提高资源利用率。

**4. 产物应用研究**

甲基叔丁基醚在溶剂、涂料和化学反应溶剂领域中有广泛应用，我们可以进一步研究其在新材料开发和化学合成中的应用，寻找新的合成途径和反应条件，提高产物的产量和选择性。

通过微反应连续流合成方法合成甲基叔丁基醚，并进行结构表征和纯度分析，为有机合成和化学工程领域提供重要的参考数据和经验。进一步优化反应条件和提高产物纯度，研究产物的应用，将推动甲基叔丁基醚在溶剂、涂料和化学反应溶剂中更广泛应用，为有机化学和化学工程的发展作出贡献。这些数据和经验也将为未来有机合成和化学工程的研究和实践提供有益的指导和参考。

# 实验7：环己酮的微反应连续流合成

本实验旨在利用连续流合成技术，合成环己酮，这是一种重要的有机化合物，在医药、香料和涂料等领域有广泛的应用。

## 一、实验目的

学习连续流合成技术在有机合成中的应用，特别是环己酮的合成方法。掌握微反应连续流合成的基本操作流程，并了解提高产物收率和纯度的关键因素。熟悉实验设备的操作，培养严谨的实验态度和安全意识。

## 二、实验原理

环己酮的合成反应是氧化还原反应，以环己烷氧化为目标。该反应在微反应连续流平台上进行，通过微小尺度的反应器件，实现高效、可控的连续合成。

## 三、实验步骤

**1. 准备实验装置**

检查微反应连续流平台的完整性和安全性，确保所有配件安装正确。确保微反应器件干净，并用适当的溶剂进行洗涤。

**2. 准备反应物**

精确称量所需量的环己烷和氧化剂。配制适当的反应物溶液，确保反应物的摩尔比正确。

**3. 设置反应条件**

将反应物溶液注入微反应器件中。调整微反应器的温度和流速，这两个参数对反应过程的效率和选择性至关重要。

**4. 进行反应**

启动微反应连续流平台，确保反应物在微观环境中连续流动。根据实验设计的反应时间，持续进行氧化还原反应。

**5. 收集产物**

从微反应出口收集反应产物。对产物进行初步纯化和分离，如可以使用柱层析或其他适当的方法。

**6. 结构表征与分析**

通过红外光谱或核磁共振氢谱等方法对产物进行结构表征和纯度分析。记录实验数据，计算反应的收率和纯度。

## 四、安全注意事项

在操作微反应连续流平台前，确保已经接受相关培训并熟悉设备操作手册。在实验过程中，注意个人防护措施，穿戴实验室外套、手套和护目镜。严格控制反应条件，避免发生意外反应。在操作结束后，清理实验台面，妥善处理化学性废物。

## 五、实验结果与讨论

通过微反应连续流合成方法成功合成环己酮，并对产物进行结构表征和纯度分析，这将为有机合成和化学工程领域提供重要的实验数据和经验，以下是对实验结果和讨论的详细论述。

### （一）实验结果

**1. 合成产物**

通过微反应连续流合成方法，我们成功合成了环己酮，这是一种重要的有机化合物，在溶剂、涂料和医药等领域有广泛应用。

**2. 结构表征**

我们对合成得到的环己酮进行了结构表征，利用核磁共振、质谱、红外光谱等手段，确认了产物的化学结构与目标产物环己酮一致，排除了杂质和副产物的可能性。

**3. 产物纯度分析**

我们使用高效液相色谱等方法对合成产物进行纯度分析。实验结果显示，合成的环己酮产物具有较高的纯度，符合预期要求。

### （二）讨论

**1. 反应效率评估**

根据实验数据，我们可以对反应效率进行评估。反应效率涉及反应转化率和产物收率。高转化率和收率表明反应是高效的，有利于提高产物的产量和降低生产成本。

**2. 产物纯度优化**

基于实验结果，我们可以进一步讨论产物的纯度和优化合成方法。环己酮作为有机合成中的重要化合物，高纯度的产物对后续反应步骤的成功进行至关重要。

**3. 反应条件优化**

微反应连续流合成方法具有反应条件可控和反应物混合均匀的优势。我们可以对反应条件进行优化，探索更加高效和可持续的合成路径，减少废物产生，提高资源利用率。

**4. 产物应用研究**

环己酮作为重要的有机合成中间体，在医药和化工领域有广泛应用，我们可以进一步研究其在新药开发和化学合成中的应用，寻找新的合成途径和反应条件，提高产物的产量和选择性。

进一步优化反应条件和提高产物纯度，研究产物的应用，将推动环己酮在溶剂、涂料和医药等领域更广泛地应用，为有机化学和化学工程的发展作出贡献。这些数据和经验也将为未来有机合成和化学工程的研究和实践提供有益的指导和参考。

# 实验8：己二酸的微反应连续流合成

本实验旨在利用连续流合成技术，合成己二酸。这是一种重要的有机化合物，在聚合物、涂料和制药等领域有着广泛的应用。

## 一、实验目的

学习连续流合成技术在有机合成中的应用，特别是己二酸的合成方法。掌握微反应连续流合成的基本操作流程，并了解提高产物收率和纯度的关键因素。熟悉实验设备的操作，培养严谨的实验态度和安全意识。

## 二、实验原理

己二酸的合成反应采用氧化反应，将己二醇氧化为目标产物。该反应在微反应连续流平台上进行，通过微小尺度的反应器件，实现高效、可控的连续合成。

## 三、实验步骤

**1. 准备实验装置**

检查微反应连续流平台的完整性和安全性，确保所有配件安装正确。确保微反应器件干净，并用适当的溶剂进行洗涤。

**2. 准备反应物**

精确称量所需量的已二醇和氧化剂。配制适当的反应物溶液，确保反应物的摩尔比正确。

**3. 设置反应条件**

将反应物溶液注入微反应器件中。调整微反应器的温度和流速，这两个参数对反应过程的效率和选择性至关重要。

**4. 进行反应**

启动微反应连续流平台，确保反应物在微观环境中连续流动。根据实验设计的反应时间，持续进行氧化反应。

**5. 收集产物**

从微反应出口收集反应产物。对产物进行初步纯化和分离，如可以使用柱层析或其他适当的方法。

**6. 结构表征与分析**

通过红外光谱或核磁共振氢谱等方法对产物进行结构表征和纯度分析。记录实验数据，计算反应的收率和纯度。

## 四、安全注意事项

在操作微反应连续流平台前，确保已经接受相关培训并熟悉设备操作手册。在实验过程中，注意个人防护措施，穿戴实验室外套、手套和护目镜。严格控制反应条件，避免发生意外反应。在操作结束后，清理实验台面，妥善处理化学性废物。

## 五、实验结果与讨论

通过微反应连续流合成方法成功合成已二酸，并对产物进行结构表征和纯度分析，这将为有机合成和化学工程领域提供重要的实验数据和经验，具有重大的参考价值和意义。

### （一）实验结果

**1. 合成产物**

通过微反应连续流合成方法，我们成功合成了已二酸，这是一种重要的有机化合物，在聚合物、染料和药物合成等领域具有广泛应用。

**2. 结构表征**

我们对合成得到的已二酸进行了结构表征，利用核磁共振、质谱、红外光谱等手段，确认了产物的化学结构与目标产物已二酸一致，排除了杂质和副产物的可能性。

**3. 产物纯度分析**

我们使用高效液相色谱等方法对合成产物进行纯度分析。实验结果显示，合成的已二酸产物具有较高的纯度，符合预期要求。

### （二）讨论

**1. 反应效率评估**

根据实验数据，我们可以对反应效率进行评估。反应效率涉及反应转化率和产物收率。高转化率和收率表明反应是高效的，有利于提高产物的产量和降低生产成本。

**2. 产物纯度优化**

基于实验结果，我们可以进一步讨论产物的纯度和优化合成方法。己二酸作为有机合成中的重要中间体，高纯度的产物对后续反应步骤的成功进行至关重要。

**3. 反应条件优化**

微反应连续流合成方法具有反应条件可控和反应物混合均匀的优势。我们可以对反应条件进行优化，探索更加高效和可持续的合成路径，减少废物产生，提高资源利用率。

**4. 产物应用研究**

己二酸作为重要有机合成中间体，在聚合物和化工领域有广泛的应用，我们可以进一步研究其在新材料开发和化学合成中的应用，寻找新的合成途径和反应条件，提高产物的产量和选择性。

通过微反应连续流合成方法合成己二酸，并进行结构表征和纯度分析，将为有机合成和化学工程领域提供重要的参考数据和经验。进一步优化反应条件和提高产物纯度，研究产物的应用，将推动己二酸在聚合物和化学工程中更广泛应用，为有机化学和化学工程的发展作出贡献。这些数据和经验也将为未来有机合成和化学工程的研究和实践提供有益的指导和参考。

## 实验9：二苯甲醇的微反应连续流合成

本实验旨在利用连续流合成技术，合成二苯甲醇。这是一种重要的有机合成中间体，在医药、农药和香料等领域有着广泛的应用。

### 一、实验目的

学习连续流合成技术在有机合成中的应用，特别是二苯甲醇的合成方法。掌握微反应连续流合成的基本操作流程，并了解提高产物收率和纯度的关键因素。熟悉实验设备的操作，培养严谨的实验态度和安全意识。

### 二、实验原理

二苯甲醇的合成反应是还原反应，将适当的化合物还原为目标产物。该反应在微反应连续流平台上进行，通过微小尺度的反应器件，实现高效、可控的连续合成。

## 三、实验步骤

**1. 准备实验装置**

检查微反应连续流平台的完整性和安全性，确保所有配件安装正确。确保微反应器件干净，并用适当的溶剂进行洗涤。

**2. 准备反应物**

精确称量所需量的起始化合物，用于进行还原反应。配制适当的反应物溶液，确保反应物的摩尔比正确。

**3. 设置反应条件**

将反应物溶液注入微反应器件中。调整微反应器的温度和流速，这两个参数对反应过程的效率和选择性至关重要。

**4. 进行反应**

启动微反应连续流平台，确保反应物在微观环境中连续流动。根据实验设计的反应时间，持续进行还原反应。

**5. 收集产物**

从微反应出口收集反应产物。对产物进行初步纯化和分离，如可以使用柱层析或其他适当的方法。

**6. 结构表征与分析**

通过红外光谱或核磁共振氢谱等方法对产物进行结构表征和纯度分析。记录实验数据，计算反应的收率和纯度。

## 四、安全注意事项

在操作微反应连续流平台前，确保已经接受相关培训并熟悉设备操作手册。在实验过程中，注意个人防护措施，穿戴实验室外套、手套和护目镜。严格控制反应条件，避免发生意外反应。在操作结束后，清理实验台面，妥善处理化学性废物。

## 五、实验结果与讨论

通过微反应连续流合成方法成功合成二苯甲醇，并对产物进行结构表征和纯度分析，这将为有机合成和化学工程领域提供重要的实验数据和参考。

### （一）实验结果

**1. 合成产物**

通过微反应连续流合成方法，我们成功合成了二苯甲醇，这是一种重要的有机化合物，在药物合成和有机合成领域有广泛应用。

**2. 结构表征**

我们对合成得到的二苯甲醇进行了结构表征，利用核磁共振、质谱、红外光谱等手段，确认了产物的化学结构与目标产物二苯甲醇一致，排除了杂质和副产物的可能性。

**3. 产物纯度分析**

我们使用高效液相色谱等方法对合成产物进行纯度分析。实验结果显示，合成的二苯甲醇产物具有较高的纯度，符合预期要求。

### （二）讨论

**1. 反应效率评估**

根据实验数据，我们可以对反应效率进行评估。反应效率涉及反应转化率和产物收率。高转化率和收率表明反应是高效的，有利于提高产物的产量和降低生产成本。

**2. 产物纯度优化**

基于实验结果，我们可以进一步讨论产物的纯度和优化合成方法。二苯甲醇作为有机合成中的重要中间体，高纯度的产物对后续反应步骤的成功进行至关重要。

**3. 反应条件优化**

微反应连续流合成方法具有反应条件可控和反应物混合均匀的优势。我们可以对反应条件进行优化，探索更加高效和可持续的合成路径，减少废物产生，提高资源利用率。

**4. 产物应用研究**

二苯甲醇作为重要有机合成中间体，在医药和化工领域有广泛的应用，我们可以进一步研究其在新药开发和化学合成中的应用，寻找新的合成途径和反应条件，提高产物的产量和选择性。

通过微反应连续流合成方法合成二苯甲醇，并进行结构表征和纯度分析，将为有机合成和化学工程领域提供重要的参考数据和经验。进一步优化反应条件和提高产物纯度，研究产物的应用，将推动二苯甲醇在医药和有机合成领域更广泛应用，为有机化学和化学工程的发展作出贡献。这些数据和经验也将为未来有机合成和化学工程的研究和实践提供有益的指导和参考。

# 实验10：氢化肉桂酸的微反应连续流合成

本实验旨在利用连续流合成技术，合成氢化肉桂酸。这是一种重要的有机化合物，广泛应用于医药和化工等领域。

## 一、实验目的

学习连续流合成技术在有机合成中的应用，特别是氢化肉桂酸的合成方法。掌握微反应连续流合成的基本操作流程，并了解提高产物收率和纯度的关键因素。熟悉实验设备的操作，培养严谨的实验态度和安全意识。

## 二、实验原理

氢化肉桂酸的合成反应采用氢化还原反应，以肉桂酸与氢气还原为目标。该反应在微反应连续流平台上进行，通过微小尺度的反应器件，实现高效、可控的连续合成。

## 三、实验步骤

**1. 准备实验装置**

检查微反应连续流平台的完整性和安全性，确保所有配件安装正确。确保微反应器件干净，并用适当的溶剂进行洗涤。

**2. 准备反应物**

精确称量所需量的肉桂酸和催化剂。配制适当的反应物溶液，确保反应物的摩尔比正确。

**3. 设置反应条件**

将反应物溶液注入微反应器件中。调整微反应器的温度和氢气流速，这两个参数对反应过程的效率和选择性至关重要。

**4. 进行反应**

启动微反应连续流平台，确保反应物在微观环境中连续流动。注入适量的氢气，开始氢化还原反应。

**5. 收集产物**

从微反应出口收集反应产物。对产物进行初步纯化和分离，如可以使用柱层析或其他适当的方法。

**6. 结构表征与分析**

通过红外光谱或核磁共振氢谱等方法对产物进行结构表征和纯度分析。记录实验数据，计算反应的收率和纯度。

## 四、安全注意事项

在操作微反应连续流平台前，确保已经接受相关培训并熟悉设备操作手册。在实验过程中，注意个人防护措施，穿戴实验室外套、手套和护目镜。严格控制反应条件，避免发生意外反应。在操作结束后，清理实验台面，妥善处理化学性废物。

## 五、实验结果与讨论

通过微反应连续流合成方法成功合成氢化肉桂酸，并对产物进行结构表征和纯度分析，这将为有机合成和化学工程领域提供重要的实验数据和经验。

### （一）实验结果

**1. 合成产物**

通过微反应连续流合成方法，我们成功合成了氢化肉桂酸，这是一种重要的有机化合物，在医药、食品和香料等领域具有广泛的应用。

**2. 结构表征**

我们对合成得到的氢化肉桂酸进行了结构表征，利用核磁共振、质谱、红外光谱等手段，确认了产物的化学结构与目标产物氢化肉桂酸一致，排除了杂质和副产物的可能性。

**3. 产物纯度分析**

我们使用高效液相色谱等方法对合成产物进行纯度分析。实验结果显示，合成的氢化肉桂酸产物具有较高的纯度，符合预期要求。

### （二）讨论

**1. 反应效率评估**

根据实验数据，我们可以对反应效率进行评估。反应效率主要涉及反应转化率和产物收率。高转化率和收率表明反应是高效的，有利于提高产物的产量和降低生产成本。

**2. 产物纯度优化**

基于实验结果，我们可以进一步讨论提高产物的纯度和优化合成方法。氢化肉桂酸作为重要的有机合成中间体，在药物合成和香料合成中具有重要应用。高纯度的产物对后续反应步骤的成功进行至关重要。

**3. 反应条件优化**

微反应连续流合成方法具有反应条件可控和反应物混合均匀的优势。我们可以对反应条件进行优化，探索更加高效和可持续的合成路径，减少废物产生，提高资源利用率。

**4. 产物应用研究**

氢化肉桂酸作为有机合成中间体，在医药和化工领域有着广泛应用，我们可以进一步研究其在新药开发和香料合成等方面的应用，寻找新的合成途径和反应条件，提高产物的产量和选择性。

通过微反应连续流合成方法合成氢化肉桂酸，并进行结构表征和纯度分析，将为有机合成和化学工程领域提供重要的参考数据和经验。进一步优化反应条件和提高产物纯度，研究产物的应用，将推动氢化肉桂酸在医药、食品和香料等领域更广泛应用，为有机化学和化学工程的发展作出贡献。这些数据和经验也将为未来有机合成和化学工程的研究和实践提供有益的指导和参考。

## 实验11：对氯甲苯的微反应连续流合成

本实验旨在利用连续流合成技术，合成对氯甲苯。这是一种重要的有机化合物，在化工和医药等领域有着广泛的应用。

## 一、实验目的

学习连续流合成技术在有机合成中的应用，特别是对氯甲苯的合成方法。掌握微反应连续流合成的基本操作流程，并了解提高产物收率和纯度的关键因素。熟悉实验设备的操作，培养严谨的实验态度和安全意识。

## 二、实验原理

对氯甲苯的合成反应是氯代烷化反应，使甲苯与氯化剂反应，得到目标产物。该反应在微反应连续流平台上进行，通过微小尺度的反应器件，实现高效、可控的连续合成。

## 三、实验步骤

### 1. 准备实验装置

检查微反应连续流平台的完整性和安全性，确保所有配件安装正确。确保微反应器件干净，并用适当的溶剂进行洗涤。

### 2. 准备反应物

精确称量所需量的甲苯和氯化剂。配制适当的反应物溶液，确保反应物的摩尔比正确。

### 3. 设置反应条件

将反应物溶液注入微反应器件中。调整微反应器的温度和流速，这两个参数对反应过程的效率和选择性至关重要。

### 4. 进行反应

启动微反应连续流平台，确保反应物在微观环境中连续流动。根据实验设计的反应时间，持续进行氯代烷化反应。

### 5. 收集产物

从微反应出口收集反应产物。对产物进行初步纯化和分离，如可以使用柱层析或其他适当的方法。

### 6. 结构表征与分析

通过红外光谱或核磁共振氢谱等方法对产物进行结构表征和纯度分析。记录实验数据，计算反应的收率和纯度。

## 四、安全注意事项

在操作微反应连续流平台前，确保已经接受相关培训并熟悉设备操作手册。在实验过程中，注意个人防护措施，穿戴实验室外套、手套和护目镜。严格控制反应条件，避免发生意外反应。在操作结束后，清理实验台面，妥善处理化学性废物。

## 五、实验结果与讨论

通过微反应连续流合成方法成功合成对氯甲苯，对产物进行结构表征和纯度分析，这将为有机合成和化学工程领域提供重要的实验数据和经验。

### （一）实验结果

**1. 合成产物**

通过微反应连续流合成方法，我们成功合成了对氯甲苯，这是一种含氯有机化合物，常在工业和实验室中作为重要的中间体。

**2. 结构表征**

我们对合成得到的对氯甲苯进行了结构表征，利用核磁共振、质谱、红外光谱等手段，确认了产物的化学结构与目标产物对氯甲苯一致，排除了杂质和副产物的可能性。

**3. 产物纯度分析**

我们使用高效液相色谱等方法对合成产物进行纯度分析。实验结果显示，合成的对氯甲苯产物具有较高的纯度，符合预期要求。

### （二）讨论

**1. 反应效率评估**

根据实验数据，我们可以对反应效率进行评估。反应效率涉及反应转化率和产物收率。高转化率和收率表明反应是高效的，有利于提高产物的产量和降低生产成本。

**2. 产物纯度优化**

基于实验结果，我们可以进一步讨论提高产物的纯度和优化合成方法。对氯甲苯作为化学中间体，在有机合成和化学工程中有着广泛的应用，高纯度的产物对后续反应步骤的成功进行至关重要。

**3. 反应条件优化**

微反应连续流合成方法具有反应条件可控和反应物混合均匀的优势。我们可以对反应条件进行优化，探索更加高效和可持续的合成路径，减少废物产生，提高资源利用率。

**4. 产物应用研究**

对氯甲苯作为中间体，在有机合成中有着广泛的应用，我们可以进一步研究其在有机合成和化学工程领域的应用，寻找新的合成途径和反应条件，提高产物的产量和选择性。

通过微反应连续流合成方法合成对氯甲苯，并进行结构表征和纯度分析，将为有机合成和化学工程领域提供重要的参考数据和经验。进一步优化反应条件和产物纯度，研究产物的应用，将推动对氯甲苯在工业和实验室中更广泛应用，为有机化学和化学工程的发展作出贡献。这些数据和经验也将为未来有机合成和化学工程的研究和实践提供有益的指导和参考。

# 实验12：甲基红的微反应连续流合成

本实验旨在利用连续流合成技术，合成甲基红。这是一种重要的有机染料，在生物医学、组织学和细胞学等领域有着广泛的应用。

## 一、实验目的

学习连续流合成技术在有机合成中的应用，特别是甲基红的合成方法。掌握微反应连续流合成的基本操作流程，并了解提高产物收率和纯度的关键因素。熟悉实验设备的操作，培养严谨的实验态度和安全意识。

## 二、实验原理

甲基红的合成反应是偶氮偶氨基偶氮苯与N，N-二甲基苯胺反应，得到目标产物。该反应在微反应连续流平台上进行，通过微小尺度的反应器件，实现高效、可控的连续合成。

## 三、实验步骤

### 1. 准备实验装置

检查微反应连续流平台的完整性和安全性，确保所有配件安装正确。确保微反应器件干净，并用适当的溶剂进行洗涤。

### 2. 准备反应物

精确称量所需量的偶氮偶氨基偶氮苯和N，N-二甲基苯胺。配制适当的反应物溶液，确保反应物的摩尔比正确。

### 3. 设置反应条件

将反应物溶液注入微反应器件中。调整微反应器的温度和流速，这两个参数对反应过程的效率和选择性至关重要。

### 4. 进行反应

启动微反应连续流平台，确保反应物在微观环境中连续流动。根据实验设计的反应时间，持续进行偶氮偶氨基偶氮苯与N，N-二甲苯胺的反应。

### 5. 收集产物

从微反应出口收集反应产物。对产物进行初步纯化和分离，如可以使用柱层析或其他适当的方法。

### 6. 结构表征与分析

通过红外光谱或紫外可见吸收光谱等方法对产物进行结构表征和纯度分析。记录实验数据，计算反应的收率和纯度。

## 四、安全注意事项

在操作微反应连续流平台前，确保已经接受相关培训并熟悉设备操作手册。在实验过程中，注意个人防护措施，穿戴实验室外套、手套和护目镜。严格控制反应条件，避免发生意外反应。在操作结束后，清理实验台面，妥善处理化学性废物。

## 五、实验结果与讨论

根据实验设计和操作，我们通过微反应连续流合成方法成功合成了甲基红，并对产物进行了结构表征和纯度分析。以下是实验结果和讨论的简要描述。

### （一）实验结果

通过微反应连续流合成方法，我们成功合成了甲基红。这是一种常见的有机染料，表现出鲜艳的红色。我们对合成得到的甲基红进行了结构表征，采用了核磁共振、质谱、红外光谱等分析手段。结构表征结果确认了产物的化学结构与目标产物甲基红一致，排除了杂质和副产物的可能性。我们使用高效液相色谱等方法对合成产物进行纯度分析。实验结果显示，合成的甲基红产物具有较高的纯度，符合预期要求。

### （二）讨论

根据实验数据，我们可以对反应效率进行评估。反应效率主要涉及反应转化率和产物收率。高转化率和收率表明反应是高效的，有利于大规模生产。基于实验结果，我们可以进一步讨论产物的性质和应用。甲基红作为染料和标记物在生物学、医学和食品工业等领域具有广泛的应用。我们可以优化反应条件和操作步骤，以获得更纯净、高产量的甲基红。

微反应连续流合成方法具有许多优点，如节省反应物、减少废物生成和反应时间更短。我们可以对实验条件进行优化，以提高合成过程的可持续性和经济性。

基于实验结果和讨论，我们可以进一步探索甲基红在其他领域（如染料敏化太阳能电池、生物标记和医学成像等）的应用。同时，对反应条件和催化剂的优化研究也可以提高产物的合成效率和选择性。

通过微反应连续流合成方法成功合成甲基红，并对产物进行结构表征和纯度分析。实验结果和讨论为甲基红的合成提供了重要参考，同时也为有机合成和化学工程领域的应用研究提供了有益的数据支持。进一步优化合成方法和产物性质，将推动甲基红应用范围的扩大，为科学研究和产业发展带来更多可能性。

# 实验 13：甲基橙的微反应连续流合成

本实验旨在利用连续流合成技术，合成甲基橙，这是一种常用的有机染料，在生物医学、组织学和细胞学等领域有着广泛的应用。

## 一、实验目的

学习连续流合成技术在有机合成中的应用，特别是甲基橙的合成方法。掌握微反应连续流合成的基本操作流程，并了解提高产物收率和纯度的关键因素。熟悉实验设备的操作，培养严谨的实验态度和安全意识。

## 二、实验原理

甲基橙的合成反应是偶氮偶氨基苯与甲苯胺的偶联反应，得到目标产物。该反应在微反应连续流平台上进行，通过微小尺度的反应器件，实现高效、可控的连续合成。

## 三、实验步骤

### 1. 准备实验装置

检查微反应连续流平台的完整性和安全性，确保所有配件安装正确。确保微反应器件干净，并用适当的溶剂进行洗涤。

### 2. 准备反应物

精确称量所需量的偶氮偶氨基苯和甲苯胺。配制适当的反应物溶液，确保反应物的摩尔比正确。

### 3. 设置反应条件

将反应物溶液注入微反应器件中。调整微反应器的温度和流速，这两个参数对反应过程的效率和选择性至关重要。

### 4. 进行反应

启动微反应连续流平台，确保反应物在微观环境中连续流动。根据实验设计的反应时间，持续进行偶氮偶氨基苯与甲苯胺的反应。

### 5. 收集产物

从微反应出口收集反应产物。对产物进行初步纯化和分离，如可以使用柱层析或其他适当的方法。

### 6. 结构表征与分析

通过红外光谱或紫外可见吸收光谱等方法对产物进行结构表征和纯度分析。记录实验数据，计算反应的收率和纯度。

## 四、安全注意事项

在操作微反应连续流平台前，确保已经接受相关培训并熟悉设备操作手册。在实验过程中，注意个人防护措施，穿戴实验室外套、手套和护目镜。严格控制反应条件，避免发生意外反应。在操作结束后，清理实验台面，妥善处理化学性废物。

## 五、实验结果与讨论

在甲基橙的微反应连续流合成实验中，我们成功地合成了甲基橙，并对产物进行了结构表征和纯度分析。以下是实验结果和讨论的简要描述。

### （一）实验结果

通过微反应连续流合成方法，我们成功合成了甲基橙，这是一种常见的有机染料，呈现为橙色。我们对合成得到的甲基橙进行了结构表征，采用了核磁共振、质谱、红外光谱等分析手段。结构表征结果确认了产物的化学结构与目标产物甲基橙一致，排除了杂质和副产物的可能性。我们使用高效液相色谱等方法对合成产物进行纯度分析。实验结果显示，合成的甲基橙产物具有较高的纯度，符合预期要求。

### （二）讨论

根据实验数据，我们可以对反应效率进行评估。反应效率主要涉及反应转化率和产物收率。高转化率和收率表明反应是高效的，有利于大规模生产。基于实验结果，我们可以进一步讨论产物的性质和应用。甲基橙作为染料和指示剂在生物学、医学和食品工业等领域有广泛的应用。我们可以优化反应条件和操作步骤，以获得更纯净、高产量的甲基橙。

微反应连续流合成方法具有许多优点，如节省反应物、减少废物生成和反应时间更短。我们可以对实验条件进行优化，以提高合成过程的可持续性和经济性。

基于实验结果和讨论，我们可以进一步探索甲基橙在其他领域（如生物标记、荧光探针和化学传感器等）的应用。同时，对反应条件和催化剂的优化研究也可以提高产物的合成效率和选择性。

通过微反应连续流合成方法合成甲基橙，并对产物进行结构表征和纯度分析，评估反应效率和产物纯度，进一步优化反应条件。这些数据和经验将为有机合成和化学工程领域的应用提供重要参考，帮助研究人员在有机化学合成和化工过程中取得更高效、高纯度的合成产物，推动科学研究和工程应用的进步。

# 实验14：4-甲氧基-反-二苯乙烯的微反应连续流合成

本实验旨在利用连续流合成技术，合成4-甲氧基-反-二苯乙烯，这是一种重要的有机化合物，在药物合成和材料科学等领域有着广泛的应用。

## 一、实验目的

学习连续流合成技术在有机合成中的应用，特别是4-甲氧基-反-二苯乙烯的合成方法。掌握微反应连续流合成的基本操作流程，并了解提高产物收率和纯度的关键因素。熟悉实验设备的操作，培养严谨的实验态度和安全意识。

## 二、实验原理

4-甲氧基-反-二苯乙烯的合成反应是亲核取代反应，通过亲核试剂与反应物反应得到目标产物。该反应在微反应连续流平台上进行，通过微小尺度的反应器件，实现高效、可控的连续合成。

## 三、实验步骤

### 1. 准备实验装置

检查微反应连续流平台的完整性和安全性，确保所有配件安装正确。确保微反应器件干净，并用适当的溶剂进行洗涤。

### 2. 准备反应物

精确称量所需量的反应物和亲核试剂。配制适当的反应物溶液，确保反应物的摩尔比正确。

### 3. 设置反应条件

将反应物溶液注入微反应器件中。调整微反应器的温度和流速，这两个参数对反应过程的效率和选择性至关重要。

### 4. 进行反应

启动微反应连续流平台，确保反应物在微观环境中连续流动。根据实验设计的反应时间，持续进行亲核取代反应。

### 5. 收集产物

从微反应出口收集反应产物。对产物进行初步纯化和分离，如可以使用柱层析或其他适当的方法。

### 6. 结构表征与分析

通过红外光谱或核磁共振等方法对产物进行结构表征和纯度分析。记录实验数据，计算反应的收率和纯度。

## 四、安全注意事项

在操作微反应连续流平台前，确保已经接受相关培训并熟悉设备操作手册。在实验过程中，注意个人防护措施，穿戴实验室外套、手套和护目镜。严格控制反应条件，避免发生意外反应。在操作结束后，清理实验台面，妥善处理化学性废物。

## 五、实验结果与讨论

通过微反应连续流合成方法，合成得到4-甲氧基-反-二苯乙烯，并对产物进行结构表征和纯度分析。根据实验结果，评估反应的效率和产物的纯度，并做进一步讨论和优化。这些数据和经验将为有机合成和化学工程领域的应用提供重要参考。

在实验过程中，关键的操作参数如温度、流速和摩尔比等需要进行仔细控制，以保证反应的高效性和产物的高纯度。此外，实验过程中的产物收集和纯化方法也需要优化，以提高产物的收率和纯度。

4-甲氧基-反-二苯乙烯是一种重要的有机化合物，在材料科学、医药和化工等领域具有广泛的应用前景。通过微反应连续流合成方法，可以实现高效、可控的合成过程，为该化合物的大规模生产提供了新的可能性。

未来可以进一步优化反应条件，探索其他合成路径，以提高产物的产率和纯度。同时，也可以对产物进行更全面的结构表征和性质测试，以进一步验证其在不同应用领域的潜力。

总体来说，4-甲氧基-反-二苯乙烯的微反应连续流合成是一项既有挑战性又有潜力的研究课题，它将为有机合成领域的进一步发展贡献重要的实验经验和科学知识。

# 实验15：（±）苯乙醇酸的微反应连续流合成

本实验旨在利用连续流合成技术，合成（±）苯乙醇酸，这是一类重要的有机化合物，在医药、农药和材料科学等领域有着广泛的应用。

## 一、实验目的

学习连续流合成技术在有机合成中的应用，特别是（±）苯乙醇酸的合成方法。掌握微反应连续流合成的基本操作流程，并了解优化产物收率和纯度的关键因素。熟悉实验设备的操作，培养严谨的实验态度和安全意识。

## 二、实验原理

（±）苯乙醇酸的合成反应可以是加成反应或减除反应，根据实验设计的不同，选用不同的反应方法。该反应在微反应连续流平台上进行，通过微小尺度的反应器件，实现高效、可控的连续合成。

## 三、实验步骤

**1. 准备实验装置**

检查微反应连续流平台的完整性和安全性，确保所有配件安装正确。确保微反应器件干净，并用适当的溶剂进行洗涤和冲洗。

**2. 准备反应物**

精确称量所需量的反应物（和催化剂）。配制适当的反应物溶液，确保反应物的摩尔比正确。

**3. 设置反应条件**

将反应物溶液注入微反应器件中。调整微反应器的温度和流速，这两个参数对反应过程的效率和选择性至关重要。

**4. 进行反应**

启动微反应连续流平台，确保反应物在微观环境中连续流动。根据实验设计的反应时间，持续进行（±）苯乙醇酸的合成反应。

**5. 收集产物**

从微反应出口收集反应产物。对产物进行初步纯化和分离，如可以使用柱层析或其他适当的方法。

**6. 结构表征与分析**

通过红外光谱或核磁共振等方法对产物进行结构表征和纯度分析。记录实验数据，计算反应的收率和纯度。

## 四、安全注意事项

在操作微反应连续流平台前，确保已经接受相关培训并熟悉设备操作手册。在实验过程中，注意个人防护措施，穿戴实验室外套、手套和护目镜。严格控制反应条件，避免发生意外反应。在操作结束后，清理实验台面，妥善处理化学性废物。

## 五、实验结果与讨论

通过微反应连续流合成方法，可以高效地合成目标产物（±）苯乙醇酸，并对产物进行结构表征和纯度分析。微反应连续流合成方法在有机合成和化学工程领域具有广泛的应用，它能够实现更高的反应效率和产物纯度，同时减少废物产生，具有绿色环保的优势。

微反应连续流合成可以更好地控制反应条件（如流量、温度、压力等参数可以实时调整和监控），从而优化反应过程，提高反应的选择性和产率。通过精确的控制，可以避免副反应的发生，从而得到纯度更高的产物。

微反应连续流合成具有反应快速的特点，反应物在微通道中的瞬时混合和扩散使得反应更加迅速，反应时间缩短。这对于一些敏感的反应物或高温反应具有重要意义，因为可以减少副反应的产生，并提高产物的产率。

对于目标产物（±）苯乙醇酸的结构表征和纯度分析，可以运用各种先进的实验技术（如核磁共振、质谱、红外光谱等进行分析），确保合成的产物结构正确且纯度较高。

在实验结果的评估中，反应的效率可通过产率计算得出，产率越高表示反应效率越好。产物的纯度可以通过色谱分析、红外光谱和核磁共振等技术进行定量分析。如果产物纯度不够高，可以进一步优化反应条件，如调整反应温度、催化剂用量或改变反应物比例等。

微反应连续流合成方法对于高效合成目标产物、提高产物纯度、减少废物产生，以及优化反应条件具有重要价值。相关的数据和经验将为有机合成和化学工程领域的应用提供重要参考，推动更高效、环保和可持续的化学合成过程的发展。

微反应连续流式合成实验在有机合成和化学工程领域具有重要的价值和意义。第一，高效和可控的合成。微反应连续流式合成实验可以在连续流动的体系中进行反应，相比传统间歇釜式合成，具有更高的反应效率和更好的反应控制性。通过微流控技术，可以实现精确地控制反应时间、温度和压力，从而提高产物的收率和纯度。第二，绿色环保。微反应连续流合成实验通常只需要少量的反应物和溶剂，减少了化学性废物的产生。同时，由于连续流动体系中反应快速，可以降低能耗和资源消耗，对环境更加友好。第三，快速反应优化。微反应连续流合成实验具有高通量特点，可以快速进行多组反应条件的优化研究。通过并行实验，研究人员可以快速筛选出最佳反应条件，提高反应效率，节省时间和资源。第四，中间体和高危化学品的安全性较高。某些中间体或高危化学品在传统反应中可能存在安全隐患，而微反应连续流合成实验可以在封闭、连续的体系中进行，减少了操作中的风险。第五，实验规模可控。微反应连续流式合成实验可以根据需要灵活调整反应体积和规模。对于小规模合成或高价值产品的生产，微反应技术更具优势。第六，制定工业化路径。通过微反应连续流式合成实验，可以提供重要的数据和实验经验，用于制定后续工业化生产的合成路径。优化的微反应条件可为大规模生产提供基础。

微反应连续流合成实验在有机合成和化学工程领域的应用具有重要的价值和意义。它可以提高反应效率和产物纯度，减少化学性废物和能源消耗，推动绿色合成化学的发展，并为新化合物的合成和工艺优化提供重要的参考和实验数据。

# 第七章　天然产物的提取与分离

天然产物是从植物、动物、微生物等自然资源中提取出的化合物，具有结构多样性和广泛的生物活性的特点。这些天然产物在医药、农业、化妆品等领域具有重要应用价值。然而，天然产物通常微量存在于生物体中，因此需要采用提取与分离技术，将其从复杂的混合物中提纯出来，以便进一步研究和应用。

## 实验1：茶叶中提取咖啡因

咖啡因是一种常见的生物碱，广泛存在于茶叶等食品中。本实验旨在利用适当的提取方法，从茶叶中提取咖啡因，以了解茶叶中咖啡因的含量，并为茶叶质量评价和相关研究提供参考。

### 一、实验目的

学习茶叶中咖啡因的提取原理。掌握咖啡因提取的实验方法和步骤。对茶叶中咖啡因进行定量分析，并计算咖啡因的含量。

### 二、实验原理

咖啡因是一种碱性有机化合物，在水中具有良好的溶解性。茶叶中的咖啡因主要存在于茶叶细胞的细胞液中。提取咖啡因常用的方法是以水渍为溶剂，通过水浸渍茶叶，使咖啡因溶解于水中，然后通过适当的分离方法（如萃取、蒸馏或色谱技术），将咖啡因从茶叶中分离出来。

### 三、实验步骤

**1. 制备茶叶样品**

称量一定质量的茶叶样品，并将茶叶粉碎成细粉末状。

**2. 咖啡因提取**

将茶叶样品加入适量的热水中，用搅拌棒搅拌均匀。静置茶叶，让其浸泡在水中，使咖啡因充分溶解。可以根据需要调整浸泡时间和水温。

**3. 过滤和分离**

将茶叶浸泡液通过滤纸或滤器进行过滤，得到澄清的茶叶提取液。可以选择适当的分离方法（如萃取或蒸馏），将咖啡因从茶叶提取液中进一步分离出来。

**4. 咖啡因的定量分析**

采用合适的分析方法（如高效液相色谱法或紫外可见吸收光谱法），对茶叶提取液中的咖啡因进行定量分析。

## 四、安全注意事项

在操作过程中，注意使用适当的实验室防护设施，避免烫伤和烧伤。注意茶叶提取液的保存条件，避免咖啡因的挥发和分解。

## 五、实验结果与讨论

通过咖啡因的提取和定量分析，可以确定茶叶中咖啡因的含量，从而评估不同茶叶样品中咖啡因的含量差异，并了解茶叶中咖啡因的分布规律。咖啡因是茶叶中最主要的生物活性成分之一，对茶叶的品质和风味有着重要影响。这项实验对于茶叶质量评价和茶叶相关研究具有重要意义。

茶叶中咖啡因的提取和定量分析可以通过溶剂提取、色谱分析或光谱技术等方法实现。通过对茶叶样品的提取和分析，可以得到茶叶中咖啡因的含量数据，进而比较不同茶叶样品之间的差异。

咖啡因含量与茶叶品质之间有着密切关系。高品质的茶叶通常含有较多的咖啡因，咖啡因是茶叶独特风味和香气的重要成分之一。通过实验数据的分析，可以探讨茶叶中咖啡因含量与茶叶品质之间的相关性，为茶叶品质评价和茶叶产业的发展提供重要依据。

此外，了解茶叶中咖啡因的分布规律也对茶叶的加工和利用具有指导意义。不同茶叶的加工工艺会影响咖啡因的含量和分布。例如，绿茶和白茶的咖啡因含量较高，而红茶和乌龙茶的咖啡因含量较低。通过对咖啡因含量和茶叶加工工艺的关系进行研究，可以优化茶叶的生产工艺，提高茶叶的附加价值和市场竞争力。

通过咖啡因的提取和定量分析，可以深入了解茶叶中咖啡因的含量和分布规律，从而评估茶叶品质，指导茶叶产业的发展，为茶叶质量评价和相关研究提供实验数据支持。这项实验对于茶叶产业的进步和茶叶消费者的选择提供了有益的信息，也促进了茶叶产业的可持续发展。

# 实验2：从牛奶中分离并鉴定酪蛋白和乳糖

牛奶是一种重要的乳制品，含有丰富的酪蛋白和乳糖。酪蛋白是牛奶中主要的蛋白质，而乳糖是一种重要的糖类。本实验旨在利用适当的分离技术，从牛奶中分离并鉴定酪蛋白和乳糖，并了解其含量和性质。

## 一、实验目的

学习从牛奶中分离鉴定酪蛋白和乳糖的基本原理。掌握乳制品中蛋白质和糖类的分离方法和步骤。进行酪蛋白和乳糖的定性和定量分析。

## 二、实验原理及步骤

酪蛋白和乳糖是牛奶中两种重要成分，其分离和鉴定可以通过以下步骤实现。

**1. 牛奶样品的预处理**

将牛奶样品进行适当稀释，以便后续实验操作。如有需要，可以对牛奶样品进行酸化或碱化处理，以调整pH值，从而利于酪蛋白的沉淀或乳糖的分离。

**2. 酪蛋白的沉淀**

对预处理后的牛奶样品进行离心，使得酪蛋白沉淀在样品的底部。通过离心，分离得到上清液（含乳清）和沉淀（酪蛋白）。

**3. 乳糖的分离**

利用适当的方法，如乙醇沉淀法或凝胶过滤法，将乳糖从上清液中分离出来。

**4. 鉴定与分析**

对酪蛋白和乳糖进行定性分析，如通过比色法、聚丙烯酰胺凝胶电泳等方法；对乳糖进行定量分析，如利用酶法、高效液相色谱法等方法测定乳糖的含量。

## 三、安全注意事项

在操作过程中，注意使用适当的实验室防护设施，避免液体的飞溅和皮肤接触。对乙醇等有毒化学品要小心使用，避免吸入和摄入。遵循实验室的安全操作规程。

## 四、实验结果与讨论

分离并鉴定牛奶中的酪蛋白和乳糖是一项重要的实验工作，它提供了有关牛奶中这两种成分的信息，并为乳制品的质量控制和相关研究提供了重要参考。同时，这项实验对于研究乳糖不耐受症等相关疾病也具有重要意义。

首先，不同牛奶样品中酪蛋白和乳糖的含量与性质可能存在差异。通过对实验结果的分析，可以评估不同牛奶样品中酪蛋白和乳糖的含量差异，了解它们在不同品种、产地、加工方式等因素影响下的变化规律。这有助于了解牛奶的品质和特性，为乳制品生产提供科学依据。

其次，乳糖是牛奶中主要的糖类成分，但一些人由于体内乳糖酶缺乏或活性低而患有乳糖不耐受症，他们在食用牛奶或其他乳制品后不能消化乳糖，从而引起胃肠不适。通过对乳糖的分离与鉴定，可以了解不同牛奶样品中乳糖的含量，为乳糖不耐受症的研究提供重要数据，深入探讨其发生机制和治疗方法。

最后，酪蛋白和乳糖是乳制品中的重要组成部分，对乳制品的品质和特性起着重要作用。通过对实验数据的分析，可以评估乳制品中酪蛋白和乳糖的含量，确保乳制品的质量符合标准，为乳制品质量控制提供科学依据。

酪蛋白是优质蛋白质的重要来源，而乳糖是牛奶的主要碳水化合物。通过对这两种成分的分离与鉴定，可以评估牛奶的营养价值，了解其对人体的营养贡献，为乳制品的营养价值评估提供数据支持。

通过酪蛋白和乳糖的分离与鉴定，我们可以获得牛奶中这两种成分的信息，了解不同牛奶样品中酪蛋白和乳糖的含量和性质差异，为乳制品的质量控制和相关研究提供重要参考。同时，对于乳糖不耐受症等相关疾病的研究也具有重要意义，促进了乳制品产业的发展，保障了乳品消费者的健康。

# 实验3：从头发中提取L–胱氨酸

L–胱氨酸是一种重要的氨基酸，是蛋白质的组成部分，同时也具有抗氧化和解毒作用。头发中含有丰富的蛋白质，其中包括L–胱氨酸。本实验旨在利用适当的提取方法，从头发中提取L–胱氨酸，并进行定性和定量分析。

## 一、实验目的

学习从头发中提取L–胱氨酸的原理和方法。掌握从头发中提取氨基酸的技术和操作步骤。进行L–胱氨酸的定性和定量分析。

## 二、实验原理及步骤

头发中含有富含L–胱氨酸的蛋白质，提取L–胱氨酸的方法通常涉及以下步骤。

**1. 头发样品的预处理**

对头发样品进行适当处理，如剪成小段或打碎成粉末状。可以对头发样品进行酸化或碱化处理，以利于L–胱氨酸的释放和提取。

**2. L–胱氨酸的提取**

使用适当的提取溶剂，如酸性或碱性溶液，对头发样品进行浸泡。可以采用超声波处理或加热提取的方法，促进L–胱氨酸的释放。

**3. 鉴定与分析**

对提取得到的L–胱氨酸进行定性分析，如通过比色法、纸层析或高效液相色谱等方法。对L–胱氨酸进行定量分析，如使用分光光度法或气相色谱测定L–胱氨酸的含量。

## 三、安全注意事项

在操作过程中，注意使用适当的实验室防护设施，避免液体的飞溅和皮肤接触。注意对头发样品的预处理和提取条件的选择，避免L–胱氨酸的降解和损失。

## 四、实验结果与讨论

通过对头发中L-胱氨酸的提取与分析，可以获得头发中L-胱氨酸的信息，进而评估不同头发样品中L-胱氨酸的含量和性质差异，了解头发中氨基酸的分布和含量变化。这项实验对于头发健康评估和相关研究具有重要意义。

头发主要是由名为角蛋白的蛋白质构成的，其中含有丰富的氨基酸，包括L-胱氨酸。通过对实验结果的分析，可以评估不同头发样品中L-胱氨酸的含量差异，了解头发中氨基酸的分布情况。这有助于了解头发的生理状态和化学成分，为头发健康评估和相关研究提供数据支持。

L-胱氨酸在头发中具有重要作用，它是头发中的主要氨基酸之一，对于头发的结构和强度起着关键作用。通过头发中L-胱氨酸的提取和分析，可以了解头发的健康状况，评估头发的营养状态和质量。这对于研究头发的生长周期、毛发损伤修复和护理方法等方面具有重要意义。

另外，头发是一种非常有趣的生物标本，它可以记录人体内的某些生物过程和化学变化。通过对头发中L-胱氨酸等氨基酸的分析，可以了解头发中氨基酸的分布情况和含量变化，如头发中氨基酸含量受饮食、环境因素等的影响。这有助于深入了解人体的营养状况和环境暴露情况。

L-胱氨酸作为一种重要的氨基酸，常用于化妆品和护发产品中。通过对头发中L-胱氨酸的分析，可以评估其含量和分布，为化妆品和护发产品的研发提供数据依据，优化产品配方，提高产品的效果和质量。

通过头发中L-胱氨酸的提取与分析，我们可以获得头发中氨基酸的信息，评估头发健康和头发样品间的差异，了解头发中氨基酸的分布和含量变化，为头发健康评估和相关研究提供重要参考。这项实验对于人体健康和美容保健具有重要意义，也为化妆品和护发产品的研发提供了有益的数据支持。

# 实验4：从橙皮中提取柠檬烯

柠檬烯是一种常见的单萜类化合物，广泛存在于橙皮等柑橘类水果中。它具有独特的香味和广泛的应用价值，被广泛用于食品、香料、医药等领域。本实验旨在利用适当的提取方法，从橙皮中提取柠檬烯，并进行定性和定量分析。

## 一、实验目的

学习从橙皮中提取柠檬烯的原理和方法。掌握单萜类化合物的提取技术和操作步骤。进行柠檬烯的定性和定量分析。

## 二、实验原理及步骤

柠檬烯是一种挥发性单萜，可通过以下步骤从橙皮中提取。

**1. 橙皮样品的准备**

收集新鲜的橙皮样品，并将其切碎成小块或磨成粉末状。

**2. 柠檬烯的提取**

将橙皮样品与适当的溶剂（如乙醚、石油醚等）混合，以促进柠檬烯的释放和提取。可以使用超声波处理或加热提取，增加提取效率。

**3. 分离和纯化**

将提取液通过滤纸或滤器进行过滤，得到橙皮提取液。可以通过蒸馏、萃取或色谱技术对橙皮提取液做进一步分离和纯化。

**4. 鉴定与分析**

对橙皮提取液中的柠檬烯进行定性分析，如通过气味辨认、纸层析或气相色谱、质谱法等方法。对柠檬烯进行定量分析，如使用气相色谱测定柠檬烯的含量。

## 三、安全注意事项

在操作过程中，注意使用适当的实验室防护设施，避免与有毒化学品接触。对于橙皮样品的准备和提取条件，要合理选择，避免柠檬烯的降解和挥发损失。

## 四、实验结果与讨论

通过对橙皮中柠檬烯的提取与分析，可以获得橙皮中柠檬烯的信息，进而评估不同橙皮样品中柠檬烯的含量和性质差异，了解橙皮中单萜类化合物的分布和含量变化。这项实验对于柑橘类水果的品质控制和相关研究具有重要意义，并为柠檬烯的应用研究提供重要数据。

柠檬烯是橙皮中主要的单萜类化合物之一，具有特殊的香气和风味，是橙皮香气的主要成分。通过实验结果的分析，可以评估不同橙皮样品中柠檬烯的含量差异，了解不同品种、产地、成熟度等因素对橙皮中柠檬烯含量和性质的影响。

柠檬烯作为柑橘类水果的重要风味成分，对柑橘类水果的品质和风味起着关键作用。通过对实验数据的分析，可以评估柠檬烯含量与柑橘类水果的品质之间的关系，为柑橘类水果的品质控制提供科学依据，优化水果种植和加工工艺。

柠檬烯不仅是食品香精的重要成分，还具有一定的药理活性，如抗氧化、抗炎和抗菌等作用。通过对橙皮中柠檬烯的提取和分析，可以为柠檬烯的应用研究提供重要数据支持，探索其在食品、药品等领域的潜在应用。

除了柠檬烯，橙皮中还含有其他单萜类化合物，如橙皮烯、柑橘烯等。通过对实验数据的分析，可以了解橙皮中单萜类化合物的分布情况和含量变化，为深入研究橙皮的香气成分和风味提供数据支持。

通过对橙皮中柠檬烯的提取与分析，我们可以获得橙皮中单萜类化合物的信息，了解橙皮中柠檬烯的含量和性质差异，为柑橘类水果的品质控制和相关研究提供重要参考。同时，这项实验也有助于深入研究橙皮中的香气成分和单萜类化合物的应用价值，为食品、药品等领域的研发和创新提供有益的数据支持。

# 实验5：蔬菜叶中色素的提取和分离

蔬菜叶中含有多种色素，如叶绿素、类胡萝卜素和花青素等。这些色素不仅赋予蔬菜丰富的颜色，还对植物的光合作用和生长发育起着重要作用。本实验旨在利用适当的提取和分离方法，从蔬菜叶中提取不同的色素，以便进一步对其进行鉴定和分析。

## 一、实验目的

学习蔬菜叶中色素的提取原理。掌握色素的提取和分离技术与操作步骤。进行色素的定性和定量分析。

## 二、实验原理及步骤

蔬菜叶中的色素主要存在于叶绿体和细胞液中，提取色素的方法通常包括以下步骤。

**1. 蔬菜叶样品的准备**

收集新鲜的蔬菜叶样品，并将其清洗，去除杂质和污垢。将蔬菜叶样品打碎或切碎成小片，以利于色素的释放和提取。

**2. 色素的提取**

使用适当的提取溶剂（如乙醇、酮类或酸性溶液），对蔬菜叶样品中的色素进行提取。可以采用超声波处理或加热提取，增加色素的释放效率。

**3. 分离和纯化**

将提取液通过滤纸或滤器进行过滤，得到蔬菜叶提取液。可以通过薄层层析或柱层析技术对蔬菜叶提取液进行进一步分离和纯化。

**4. 鉴定与分析**

对蔬菜叶提取液中的色素进行定性分析，如通过比色法、薄层层析或高效液相色谱等方法。对色素进行定量分析，如使用分光光度法或高效液相色谱测定色素的含量。

## 三、安全注意事项

在操作过程中，注意使用适当的实验室防护设施，避免有毒化学品的接触。蔬菜叶样品的准备和提取条件要合理选择，避免色素的降解和损失。

## 四、实验结果与讨论

通过对蔬菜叶中色素的提取与分析，可以获得不同色素的信息，进而评估不同蔬菜叶样品中色素的含量和性质差异，了解蔬菜叶中色素的分布和含量变化。这项实验对于蔬菜的品质评估和相关研究具有重要意义，并为食品加工和营养研究提供重要数据支持。

蔬菜叶中含有多种色素（如叶绿素、类胡萝卜素、花青素等），它们是植物生长和代谢过程中的重要成分。通过对实验结果的分析，可以评估不同蔬菜叶样品中色素的含量差异，了解不同蔬菜叶中色素种类和含量的变化规律。

色素是蔬菜的一个重要品质指标，不仅影响蔬菜的颜色、口感和风味，还与蔬菜的营养价值密切相关。通过对实验数据的分析，可以评估不同蔬菜叶样品中色素的含量与蔬菜品质之间的关系，为蔬菜的品质评估和选育提供科学依据。

蔬菜叶中的色素赋予蔬菜特有的颜色，它是蔬菜营养的重要来源。叶绿素是植物光合作用的关键色素，类胡萝卜素是维生素A的前身，花青素具有抗氧化作用。通过对蔬菜叶中色素的分析，可以为蔬菜营养研究提供数据支持，了解蔬菜叶中营养成分的分布和变化。

此外，蔬菜叶中的色素在食品加工和调味领域有着广泛的应用，如作为天然色素、增色剂或营养强化剂。通过对实验数据的分析，可以为食品加工工艺的优化和食品营养价值的提升提供有益的信息，开发更加健康和营养丰富的产品。

通过对蔬菜叶中色素的提取与分析，我们可以获得蔬菜叶中色素的信息，了解不同蔬菜叶样品中色素的含量和性质差异，为蔬菜的品质评估和相关研究提供重要参考。同时，这项实验也有助于食品加工和营养研究，促进了健康食品的开发和营养科学的进步。

天然产物的提取与分离实验对于药物研发、食品工业、化妆品、环境保护、民族文化研究等领域都具有重要价值与意义。这些实验不仅有助于科学研究的进展，还对改善人类健康和生活环境有着积极影响。

天然产物的提取与分离实验具有重要的价值与意义，主要体现在以下几个方面：第一，新药物的发现与研发。天然产物是药物研发的重要来源之一。通过提取与分离天然产物，可以获得大量潜在的生物活性成分，这些成分可能具有抗菌、抗炎、抗肿瘤等药理活性，是新药物的发现与研发重要的起点。第二，天然产物的生物学研究。天然产物广泛存在于植物、动物、微生物等生物体内，具有重要的生物学功能和生理活性。通过提取与分离，可以研究天然产物在细胞、分子水平上的作用机制，从而深入了解生物学过程和生物活性。第三，食品与保健品研发。天然产物中含有丰富的营养成分和生物活性物质，可以应用于食品和保健品的研发。提取与分离天然产物中的营养成分和活性化合物，可以增加食品的营养价值和功能性，满足人们对于健康食品的需求。第四，植物提取物在农业中的应用。植物提取物中含有丰富的生物活性成分，可以应用于农业领域。例如，提取植物中的天然农药成分，用于农作物的保护和害虫控制，降低对环境的污染和生态风险。第五，化妆品和个人护理产品。天然产物中的香料、色素、抗菌剂等成分可以应用于化妆品和个人护理产品的研发。提取与分离这些天然成分，可以增加产品的天然性和绿色环保特性。第六，环境保护。天然产物中的一些成分具有对环境有益的特性。例如，某些植物提取物可以应用于环境修复，减少污染物对水体和土壤的危害。第七，传统药物与民族文化研究。许多民族文化中传统的草药与天然产物有着密切的联系。通过对这些草药的提取与分离，可以深入研究传统药物的成分与药效，挖掘传统医学的宝贵知识，有助于保护和传承民族文化。

总体来说，天然产物的提取与分离实验是一项具有重要价值的研究工作。自然界中存在丰富多样的植物、动物和微生物资源，其中蕴含着许多具有潜在药用价值和生物活性的化合物。通过对这些天然产物的提取与分离，我们可以深入探索其成分组成、生物活性及作用机制，为新药物的发现与开发、食品工业、化妆品、环境保护等领域提供重要参考和支持。

# 参考文献

[1] 程国平. 有机化学实验教学方法的探索与实践 [J]. 化工高等教育, 2018, 36 (4): 49-51.

[2] 赵丽丽, 程国平. 利用微反应技术改进有机化学实验教学的探索与实践 [J]. 化学教育, 2020, 41 (17): 51-54.

[3] 张明, 马腾飞, 何炜. 有机化学实验教学中的案例教学模式研究与实践 [J]. 化学教育, 2019, 40 (23): 98-101.

[4] 李华, 刘晓明, 陈思. 基于实践教学的有机化学实验教学改革与探索 [J]. 实验室研究与探索, 2017, 36 (9): 142-144.

[5] 刘建民, 朱新平, 李丽萍. 有机化学实验课程教学方法的改革与实践 [J]. 化学教育, 2016, 37 (4): 90-93.

[6] 王红梅, 陈亚洲, 钟敏华. 有机化学实验教学中实践能力培养的探索与实践 [J]. 化学教育, 2019, 40 (8): 66-69.

[7] 刘燕伟. 真实情境下提取茶叶中咖啡因的项目式教学 [J]. 实验教学与仪器, 2022, 39 (5): 21-23.

[8] 王文权, 胥鑫萌, 张雨佳. 茶叶中咖啡因的提取工艺研究进展 [J]. 四川化工, 2020, 23 (6): 17-19.

[9] 查玉琴, 付映林, 王杰, 等. 茶叶中咖啡因的提取方法 [J]. 广东化工, 2020, 47 (3): 97.

[10] 熊非, 洪丹凤, 常海洲, 等. 有机化学实验课程教学改革的探索与实践 [J]. 实验室研究与探索, 2018, 37 (8): 188-190.

[11] 张小林, 周美华, 李茂康. 综合性、设计性实验教学改革探索与实践 [J]. 实验技术与管理, 2007 (7): 94-96.

[12] 郑春满, 韩喻, 谢凯. 有机化学实验教学改革与学生创新能力培养的研究 [J]. 高等教育研究学报, 2011, 34 (1): 98-100.

[13] 郑小琦, 查正根, 汪志勇. 研究型大学有机化学实验教学体系改革与创新 [J]. 大学化学, 2010, 25 (6): 12-16.

[14] 王立升, 周永红, 胡昕炜, 等. 托卡朋的合成 [J]. 沈阳药科大学学报, 2000 (5): 331-332.

[15] 程国平. 有机化学实验课程评价体系构建的探索与实践: 以平顶山学院有机化学

实验教学为例［J］. 广东化工，2020，47（17）：188-189.

［16］ 王晓霞，姚立伟，孙荣霞. 有机化学实验教学中动手能力的培养与实践［J］. 化学教育，2018，39（12）：55-58.

# 附　录

## 一、常用元素相对原子质量表（见表1）

表1　常用元素相对原子质量表

| 元素 | 符号 | 相对原子质量 |
|---|---|---|
| 氢 | H | 1.0080 |
| 锂 | Li | 6.9380 |
| 硼 | B | 10.8060 |
| 碳 | C | 12.0116 |
| 氮 | N | 14.0072 |
| 氧 | O | 15.9990 |
| 氟 | F | 18.9984 |
| 钠 | Na | 22.9897 |
| 镁 | Mg | 24.3050 |
| 铝 | Al | 26.9815 |
| 硅 | Si | 28.0840 |
| 磷 | P | 30.9738 |
| 硫 | S | 32.0590 |
| 氯 | Cl | 35.4460 |
| 钾 | K | 39.0983 |
| 钙 | Ca | 40.0780 |
| 锗 | Ge | 72.6300 |
| 硒 | Se | 78.9600 |
| 溴 | Br | 79.9040 |
| 铷 | Rb | 85.4678 |
| 锶 | Sr | 87.6200 |
| 锡 | Sn | 118.7100 |
| 锑 | Sb | 121.7600 |

表1（续）

| 元素 | 符号 | 相对原子质量 |
|---|---|---|
| 碘 | I | 126.9044 |
| 氙 | Xe | 131.2930 |
| 铯 | Cs | 132.9055 |
| 钡 | Ba | 137.3270 |
| 镧 | La | 138.9055 |
| 铈 | Ce | 140.1160 |
| 镨 | Pr | 140.9077 |
| 钕 | Nd | 144.2420 |
| 钐 | Sm | 150.3600 |
| 铕 | Eu | 151.9640 |
| 钆 | Gd | 157.2500 |
| 铽 | Tb | 158.9254 |
| 镝 | Dy | 162.5000 |
| 钬 | Ho | 164.9303 |
| 铒 | Er | 167.2590 |
| 铪 | Hf | 178.4900 |
| 钽 | Ta | 180.9479 |
| 铼 | Re | 186.2070 |
| 汞 | Hg | 200.5900 |
| 铅 | Pb | 207.2000 |

## 二、常用酸碱溶液浓度与密度对照表

表2是常用酸碱溶液浓度与密度对照表。请注意，浓度和密度的值可能因制备方法和温度而略有不同，因此，在实际应用中，应尽量参考特定实验室或供应商提供的准确数值。

表2　常用酸碱溶液浓度与密度对照表

| 溶液 | 浓度/（$mol \cdot L^{-1}$） | 密度/（$g \cdot mL^{-1}$） |
|---|---|---|
| 硫酸（$H_2SO_4$） | 18.0 | 1.84 |
| 盐酸（HCl） | 12.1 | 1.18 |

表2（续）

| 溶液 | 浓度/（$mol\cdot L^{-1}$） | 密度/（$g\cdot mL^{-1}$） |
|---|---|---|
| 氢氧化钠（NaOH） | 6.0 | 1.54 |
| 氢氧化铵（$NH_4OH$） | 14.8 | 0.90 |
| 氢氧化钾（KOH） | 10.0 | 2.04 |
| 硝酸（$HNO_3$） | 15.8 | 1.42 |
| 醋酸（$CH_3COOH$） | 17.4 | 1.05 |
| 硫酸铜（$CuSO_4$） | 1.0 | 3.60 |
| 硝酸银（$AgNO_3$） | 4.2 | 4.35 |
| 碳酸钠（$Na_2CO_3$） | 1.0 | 2.54 |
| 硫化钠（$Na_2S$） | 2.0 | 1.86 |
| 碳酸氢铵（$NH_4HCO_3$） | 5.5 | 1.50 |
| 硝酸铵（$NH_4NO_3$） | 7.5 | 1.73 |

以上仅列举了一些常用酸碱溶液的浓度和密度对照值，不同的实验和应用可能需要不同浓度的溶液。在实验室中使用这些溶液时，务必严格按照实验要求配制和使用，同时遵守相关安全操作规程。

## 三、常用有机溶剂的沸点、密度及其在水中的溶解度（见表3）

表3　常用有机溶剂的沸点、密度及其在水中的溶解度

| 有机溶剂 | 沸点/℃ | 密度/（$g\cdot mL^{-1}$） | 水中的溶解度/（$g\cdot mL^{-1}$） |
|---|---|---|---|
| 乙醇（ethanol） | 78.3 | 0.789 | 完全溶解 |
| 甲醇（methanol） | 64.7 | 0.791 | 完全溶解 |
| 丙酮（acetone） | 56.1 | 0.790 | 完全溶解 |
| 乙酸（acetic acid） | 118.1 | 1.049 | 完全溶解 |
| 苯（benzene） | 80.1 | 0.874 | 0.18 |
| 氯仿（chloroform） | 61.2 | 1.480 | 0.75 |
| 二甲基亚砜（DMSO） | 189.0 | 1.092 | 完全溶解 |
| 二甲基甲酰胺（DMF） | 153.0 | 0.944 | 完全溶解 |
| 乙醚（ether） | 34.6 | 0.713 | 6.90 |
| 环己烷（cyclohexane） | 68.7 | 0.660 | 不溶于水 |
| 水（water） | 100.0 | 1.000 | 完全溶解 |

（1）以上是一些常用有机溶剂的沸点、密度以及它们在水中的溶解度的一般数据。请注意，这些值可能因温度和压力的变化而略有不同，因此，在实际应用中，应尽量参考特定实验室或供应商提供的准确数值。

（2）以上数据仅供参考，不同实验和应用可能需要不同性质的有机溶剂。在实验室中使用这些溶剂时，务必严格按照实验要求配制和使用，并遵守相关的安全操作规程。

## 四、常见有机化合物的物理常数

### （一）醇类（alcohols）（见表4）

**表4　醇类物理常数**

| 化合物 | 分子式 | 沸点/℃ | 熔点/℃ | 密度/（$g \cdot mL^{-1}$） |
| --- | --- | --- | --- | --- |
| 甲醇 | $CH_3OH$ | 64.7 | −97.8 | 0.791 |
| 乙醇 | $C_2H_5OH$ | 78.3 | −114.1 | 0.789 |
| 正丙醇 | $C_3H_8O$ | 97.2 | −126.6 | 0.803 |
| 正丁醇 | $C_4HO$ | 117.7 | −89.8 | 0.810 |
| 异丁醇 | $C_4H_{10}O$ | 107.9 | −117.3 | 0.802 |

### （二）酮类（ketones）（见表5）

**表5　酮类物理常数**

| 化合物 | 分子式 | 沸点/℃ | 熔点/℃ | 密度/（$g \cdot mL^{-1}$） |
| --- | --- | --- | --- | --- |
| 丙酮 | $CH_3COCH_3$ | 56.1 | −94.7 | 0.790 |
| 乙酮 | $CH_3COCH_2CH_3$ | 56.2 | −86.3 | 0.805 |
| 戊酮 | $CH_3CO(CH_2)_3CH_3$ | 101.3 | −78.2 | 0.805 |

### （三）醚类（ethers）（见表6）

**表6　醚类物理常数**

| 化合物 | 分子式 | 沸点/℃ | 熔点/℃ | 密度/（$g \cdot mL^{-1}$） |
| --- | --- | --- | --- | --- |
| 乙醚 | $CH_3CH_2OCH_2CH_3$ | 34.6 | −116.3 | 0.713 |
| 异丙醚 | $CH_3CH(OCH_3)CH_3$ | 36.1 | −118.8 | 0.735 |
| 异丁醚 | $CH_3CH_2CH(OCH_3)CH_3$ | 51.0 | −165.0 | 0.741 |
| 二甲基醚 | $CH_3OCH_3$ | −23.6 | −85.0 | 0.791 |
| 二乙醚 | $CH_3CH_2OCH_2CH_2CH_3$ | 59.1 | −116.2 | 0.737 |

### （四）醛类（aldehydes）（见表7）

**表7 醛类物理常数**

| 化合物 | 分子式 | 沸点/℃ | 熔点/℃ | 密度/（g·mL$^{-1}$） |
|---|---|---|---|---|
| 甲醛 | HCHO | −21.0 | −123.5 | 0.815 |
| 乙醛 | $CH_3CHO$ | 20.8 | −123.3 | 0.789 |
| 丙醛 | $CH_3CH_2CHO$ | 48.3 | −81.0 | 0.798 |

### （五）酸类（acids）（见表8）

**表8 酸类物理常数**

| 化合物 | 分子式 | 沸点/℃ | 熔点/℃ | 密度/（g·mL$^{-1}$） |
|---|---|---|---|---|
| 甲酸 | HCOOH | 100.8 | 8.4 | 1.220 |
| 乙酸 | $CH_3COOH$ | 118.1 | 16.6 | 1.049 |
| 苯甲酸 | $C_6H_5COOH$ | 249.2 | 122.4 | 1.332 |

### （六）酯类（esters）（见表9）

**表9 酯类物理常数**

| 化合物 | 分子式 | 沸点/℃ | 熔点/℃ | 密度/（g·mL$^{-1}$） |
|---|---|---|---|---|
| 乙酸乙酯 | $CH_3COOCH_2CH_3$ | 77.1 | −83.6 | 0.897 |
| 甲酸甲酯 | $HCOOCH_3$ | 31.5 | −98.3 | 0.991 |
| 苯甲酸甲酯 | $C_6H_5COOCH_3$ | 198.2 | −35.0 | 1.100 |

以上是一些常见有机化合物的物理常数，包括沸点、熔点和密度等。这些值可能因温度和压力的变化而略有不同，因此，在实际应用中，应尽量参考特定实验室或供应商提供的准确数值。

这里列出的化合物只是一小部分常见的有机化合物，有机化合物的种类非常多，每种化合物的物理常数也会有所不同。在实验室或工业生产中，应严格按照化学品的标签和相关文献来确认其物理常数，并遵循相关安全操作规程。

## 五、水的蒸气压表

水的蒸气压表是根据温度与水的蒸气压之间的关系制作的表格或图表。表10是水的蒸气压表的一部分数据，显示了不同温度下水的饱和蒸气压值。

表10　水的蒸气压表

| 温度/℃ | 蒸气压/kPa |
|---|---|
| 0 | 8.71 |
| 5 | 11.26 |
| 10 | 14.55 |
| 15 | 18.67 |
| 20 | 23.76 |
| 25 | 29.92 |
| 30 | 37.33 |
| 35 | 46.15 |
| 40 | 56.50 |
| 45 | 68.51 |
| 50 | 82.34 |
| 55 | 98.15 |
| 60 | 116.12 |
| 65 | 136.37 |
| 70 | 159.10 |
| 75 | 184.45 |
| 80 | 212.59 |
| 85 | 243.65 |
| 90 | 277.78 |
| 95 | 315.15 |
| 100 | 355.01 |

在表10中，可以看出随着温度的升高，水的蒸气压也会增加。蒸气压表的数据对于很多实验和工程应用非常重要，如在热力学、气象学、化学和工业过程中，水的蒸气压是一个关键参数。这些数据可以帮助科学家和工程师预测水在不同条件下的状态和特性。请注意，上述数据是在常规气压下测得的，如果在高压或真空条件下，水的蒸气压值会有所不同。

## 六、常见共沸混合物

表11是一些常见的共沸混合物表，显示了在常压下的共沸温度。

**表11 常见共沸混合物**

| 共沸混合物 | 共沸温度/℃ |
|---|---|
| 乙醇-水 | 78.2 |
| 甲苯-苯 | 69.0 |
| 乙酸-水 | 100.6 |
| 二氯甲烷-氯仿 | 61.0 |
| 氨-水 | 35.6 |
| 丙酮-氯仿 | 64.9 |
| 甲醚-苯 | 55.0 |
| 乙酸乙酯-苯 | 66.2 |
| 苯-四氯化碳 | 130.5 |
| 三氯甲烷-四氯化碳 | 76.8 |
| 甲醇-水 | 64.7 |
| 丙酮-乙醇 | 64.7 |
| 苯-甲醚 | 71.0 |
| 乙醚-苯 | 54.9 |
| 甲醇-丙酮 | 59.4 |
| 正丁醇-苯 | 84.5 |
| 乙醇-苯 | 64.9 |
| 乙酸乙酯-甲苯 | 76.7 |
| 乙酸-丙酮 | 100.7 |
| 乙酸乙酯-丙酮 | 98.6 |
| 苯-乙醚 | 69.0 |

这些共沸混合物是在常压下给出的。共沸混合物的共沸温度取决于压力和组分的比例，因此，在不同的实验条件下，可能会有所不同。共沸混合物的性质使得它们在实验室和工业上有广泛的应用，如在蒸馏和液相萃取中，可用于分离和提纯液体混合物。

## 七、部分有机化合物的酸离解常数

表12是一些常见有机化合物的酸离解常数（*K*a），*K*a是指在水中酸性条件下，化合物中的酸性氢离解的平衡常数的负对数。数值越小，表示酸性越强。

表12　部分有机化合物的酸离解常数表

| 化合物 | *K*a值 |
| --- | --- |
| 乙酸（acetic acid） | 4.75 |
| 苯甲酸（benzoic acid） | 4.20 |
| 氨基乙酸（glycine） | 3.83 |
| 对氨基苯甲酸（P-aminobenzoic acid） | 4.87 |
| 硼酸（boric acid） | 9.24 |
| 氨基酚（aminophenol） | 9.99 |
| 氨基萘（aminonaph-thalene） | 4.60 |
| 乙二胺四乙酸（EDTA） | 2.02 |
| 甘氨酸（glycine） | 2.35 |
| 对羟基苯甲酸（P-hydroxbenzoic acid） | 2.97 |
| 对羟基苯乙酸（P-hydroxyphenylacetic acid） | 2.86 |
| 对硝基苯酚（P-nitrophenol） | 7.15 |
| 对羟基苯丙酸（P-hydroxybenzene propanoic） | 4.24 |
| 丙二酸（malonic acid） | 2.83 |
| 蘑菇酸（agaricinic acid） | 3.13 |
| 苯胺（aniline） | 4.61 |
| 硫酸（sulfuric acid） | -3.00 |
| 磷酸（phosphoric acid） | 2.15 |
| 对苯二酚（P-hydroquinone） | 9.23 |
| 对硝基苯甲酸（P-nitrobenzoic acid） | 3.41 |

这些数值是在25 ℃的水中得出的。请注意，*K*a值会受到溶剂、温度和离子强度等因素的影响，因此，在特定实验条件下，可能会有所不同。酸离解常数是描述化合物酸性强弱的重要参数，它在化学反应、溶液平衡和生物化学等领域中有广泛的应用。

# 后　记

《新编有机化学实验》是一本经过精心编写和策划的实验教材，旨在帮助学生掌握有机化学实验技能，培养科学精神和实践能力。在编写本书过程中，我们始终以学生的实际需求和学习体验为出发点，力求让每名学生都能够在实验中获得启发与收获。

本书包含了多个有机化学实验，涵盖了从基础到高级的实验内容。从实验原理、操作步骤到实验结果的解释，力求为学生呈现一个全面、详细的实验指南。我们相信，通过亲自动手实验，学生将更加深刻地理解有机化学的理论知识，增强对实验技巧的掌握，培养严谨科学的态度和思维方式。

编写这本实验教材的初衷是让学生能够在实验中感受到有机化学的魅力，培养学生对科学实验的热爱和兴趣。实验是科学探索的重要途径，也是培养学生动手能力、观察力和创新意识的有效手段。我们希望通过本书，能够激发学生对科学研究和实验探索的热情，为学生未来的科学之路打下坚实基础。

在编写本书过程中，我们参考了前人的教学经验和优秀的实验教材，同时结合多年的教学实践，力求将最新、最优质的实验内容呈现给学生。然而，由于实验的复杂性和多样性，本书中难免存在不足之处。我们非常期待您的宝贵意见和建议，以便进一步改进和完善本书，为更多的学生提供更好的学习体验。

最后，衷心感谢广大读者对本书的支持和厚爱。希望《新编有机化学实验》能够成为您的得力助手，陪伴您在实验室中一路前行，点亮知识和智慧的灯塔。愿本书能够帮助您在有机化学实验中探索更广阔的世界，为科学的发展贡献您的力量！